新型职业农民培育系列教材

# 畜禽规模化
## 养殖实用技术

◎ 姜长虹　周政源　王伟华　主编

U0349153

中国农业科学技术出版社

## 图书在版编目（CIP）数据

畜禽规模化养殖实用技术／姜长虹，周政源，王伟华主编．
—北京：中国农业科学技术出版社，2016.11
ISBN 978-7-5116-2799-5

Ⅰ．①畜…　Ⅱ．①姜…②周…③王…　Ⅲ．①畜禽–饲养管理
Ⅳ．①S815

中国版本图书馆 CIP 数据核字（2016）第 251703 号

| | | |
|---|---|---|
| **责任编辑** | 贺可香 | |
| **责任校对** | 贾海霞 | |

| | |
|---|---|
| 出 版 者 | 中国农业科学技术出版社 |
| | 北京市中关村南大街 12 号　邮编：100081 |
| 电　　话 | （010）82106638（编辑室）　　（010）82109702（发行部） |
| | （010）82109709（读者服务部） |
| 传　　真 | （010）82106650 |
| 网　　址 | http://www.CASTP.cn |
| 经 销 者 | 各地新华书店 |
| 印 刷 者 | 北京富泰印刷有限责任公司 |
| 开　　本 | 850mm×1 168mm　1/32 |
| 印　　张 | 7 |
| 字　　数 | 190 千字 |
| 版　　次 | 2016 年 11 月第 1 版　2016 年 11 月第 1 次印刷 |
| 定　　价 | 28.00 元 |

# 《畜禽规模化养殖实用技术》
## 编委会

# 前　言

近年来，我国畜牧业取得长足发展，肉类、禽蛋产量连续多年稳居世界第一，畜牧业产值占农业总产值的比重达36%。畜牧业发展对于保障畜产品有效供给、促进农民增收做出了重要贡献。当前，我国畜牧业正处于向现代畜牧业转型的关键时期，各种矛盾和问题凸显成为制约现代畜牧业可持续发展的瓶颈。

畜禽规模养殖是现代畜牧业发展的必由之路。为深入贯彻中央经济工作会议关于加快经济发展方式转变和"中央1号文件"关于加快畜禽养殖标准化、规模化的精神，进一步发挥标准化规模养殖在规范畜牧业生产、保障畜产品有效供给、提升畜产品质量安全水平中的重要作用，推进畜牧业生产方式尽快由粗放型向集约型转变，促进现代畜牧业持续健康平稳发展，特编撰本书。

本书以技能培养为主，尽量拓宽知识面，增加信息量，很少涉及偏深偏难又不实用的内容，紧跟政策与科学技术的发展。全书共10章，包括：鸡的规模化养殖、鸭的规模化养殖、鹅的规模化养殖、家兔的规模化养殖、猪的规模化养殖、牛的规模化养殖、羊的规模化养殖、畜禽规模化养殖场所的建设、畜禽常见病的诊治、畜禽的规模化经营管理等内容。

由于编者水平所限，加之时间仓促，书中不尽如人意之处在所难免，恳切希望广大读者和同行不吝指正。

编　者

2016 年 9 月

# 目　录

# 第一章　鸡的规模化养殖

## 第一节　蛋鸡的饲养管理

### 一、雏鸡的饲养管理

#### （一）育雏准备

1. 制订育雏计划，选择育雏季节

（1）制订育雏计划。育雏前必须有完整周密的育雏计划。育雏计划应包括饲养的品种、育雏数量、进雏日期、饲料准备、免疫及预防投药等内容。育雏数量应按实际需要与育雏舍容量、设备条件进行计算。进雏太多，饲养密度过大，影响鸡群发育。一般情况下，新母雏的需要量加上育雏育成期的死亡淘汰数，即为进雏数。同时，进雏前还应确定育雏人员，育雏人员必须吃苦耐劳，责任心强，最好有一定的育雏经验。

（2）育雏季节的选择。在密闭式鸡舍内育雏，由于为雏鸡创造了必要的环境条件，受季节影响小，可实行全年育雏。但对开放式鸡舍因不能完全控制环境条件，受季节影响较大，应选择育雏季节。

春季气候干燥，阳光充足，温度适宜，雏鸡生长发育好，并可当年开产，产蛋量高，产蛋时间长；夏季高温高湿，雏鸡易患病，成活率低；秋季育雏，气候适宜，成活率较高，但育成后期因光照时间长，会造成母鸡过早开产，影响产蛋量；冬季气温低，特别是北方地区育雏需要供暖，成本高，且舍内外温差大，雏鸡成活率受影响。可见，育雏最好避开夏冬季节，选择春秋两季育雏效果最好。也要参考市场行情和周转计划选择育雏季节。

2. 育雏方式的选择

（1）地面育雏。要求舍内为水泥地面，便于冲洗消毒。育雏前对育雏舍进行彻底消毒，再铺 20~25cm 厚的垫料，垫料可以是锯末、麦草、谷壳、稻草等，应因地制宜，但要求干燥、卫生、柔软。

地面育雏成本较低，但房舍利用率低，雏鸡经常与粪便接触，易发生疾病。

（2）网上育雏。就是用网面来代替地面的育雏方式。网面的材料有铁丝网、塑料网，也可用木板条或竹竿，但以铁丝网最好。网孔的大小应以饲养育成鸡为适宜，不能太小，否则，粪便下漏不畅。饲养初生雏时，在网面上铺一层小孔塑料网，待雏鸡日龄增大时，撤掉塑料网。一般网面距地面的高度应随房舍高度而定，多以 60~100cm 为宜，北方寒冷地区冬季可适当增加高度。网上育雏最大的优点是解决了粪便与鸡直接接触的问题。

由于网上饲养鸡体不能接触土壤，所以提供给鸡的营养要全面，特别要注意微量元素的补充。

（3）立体育雏。这是大中型饲养场常采用的一种育雏方式。立体笼一般分为 3~4 层，每层之间有盛粪板，四周外侧挂有料槽和水槽。立体育雏具有热源集中、容易保温、雏鸡成活率高、管理方便、单位面积饲养量大的优点。但笼架投资较大，且上下层温差大，鸡群发育不整齐。为了解决这一问题，可采取小日龄在上面 2~3 层集中饲养，待鸡稍大后，逐渐移到其他层饲养。

3. 育雏舍的准备

（1）房舍准备。育雏舍应做到保温良好，不透风，不漏雨，不潮湿，无鼠害。通风设备运转良好，所有通风口设置防兽害的铁网。舍内照明分布要合理，上下水正常，不能有堵漏现象。供温系统要正常，平养时要备好垫料。

（2）育雏舍的清洁消毒。消毒前要彻底清扫地面、墙壁和天花板，然后洗刷地面、鸡笼和用具等。待晾干后，用 2%的火碱喷洒。最后用高锰酸钾和福尔马林熏蒸，剂量为每立方米空间福尔马林 40ml，高锰酸钾 20g。熏蒸前关闭门窗，熏蒸24h 以上。

4. 器具的准备

除育雏设备外，主要的育雏用具有食具和饮具。要求数量充足，保证使每只鸡都能同时进食和饮水；大小要适当，可根据日龄的大小及时更换，使之与鸡的大小相匹配；结构要合理，以减少饲料浪费，避免饲料和饮水被粪便和垫草污染。

（1）料槽。在最初几天，可自制简易喂料盘，也可用蛋托代替料盘，以后逐渐改为饲槽或料桶。

（2）饮水器。一般育雏主要使用槽式或塔式真空饮水器。

①槽式饮水器：这种饮水器所用材料主要为硬塑料，槽切面成"V"形或"U"形。大小可随鸡的日龄不同而变化。每只鸡应占有水槽位置为 2~2.5cm，幼雏用槽高 3~4cm，槽口宽 4~5cm。

②塔式真空饮水器：多采用塑料制成，结构简单，笼养第1 周和平养使用较多。倒扣式真空饮水器由贮水器和盛水盘两部分组成，盛水器顶端为圆锥形，以防雏鸡飞落。下部有一直径约为 2cm 的出水孔。使用时，将贮水器装满水，再将盛水

盘翻转对准盖好，倒扣过来，水从出水孔流入水盘。

5. 饲料药品的准备

育雏前要按雏鸡日粮配方准备足够的饲料，特别是各种添加剂、矿物质、维生素和动物蛋白质饲料。常用的药品，如消毒药、抗生素等必须适当准备一些。

6. 育雏舍预温

育雏舍在进雏前 1~2d 应进行预温，预温的主要目的是使进雏时的温度相对稳定，同时也检验供温设施是否完整，这在冬季育雏时特别重要。预温也能够使舍内残留的福尔马林逸出。

**（二）雏鸡的挑选与运输**

1. 挑选

高质量的雏鸡是取得较高育雏成绩的基础。通过选择，将残、次、弱雏淘汰，对提高整体鸡群的抗病力有利，按雏鸡的大小、强弱实行分群饲养，可提高整体的均匀度。雏鸡的选择一般是凭经验进行的。首先，仔细观察雏鸡的精神状态，健康雏鸡活泼好动，绒毛长短适中，羽毛清洁干净，眼大而有神，腹部松软，卵黄收口良好，泄殖腔干净，腿脚无畸形，站立行走正常。而残次雏缩头缩脑，羽毛凌乱不堪，泄殖腔处糊有粪便，卵黄吸收不全，站立行走困难。健壮雏叫声清脆响亮，弱雏有气无力、嘶哑微弱。其次，用手触摸时，健雏握在手中有弹性，努力挣扎，鸡爪及身体有温暖感，腹部柔软。弱雏则手感发凉，轻飘无力，腹大。最后，选择雏鸡时，还应当事先了解种鸡群的健康状况，雏鸡的出壳时间和整批雏鸡的孵化率。一般来讲，来源于高产健康种鸡群的种蛋，在正常时间出壳，且孵化率高，则健雏率高，而来源于患病鸡群的种蛋，出壳过早或过晚，则健雏率低。

2. 运输

雏鸡的运输是一项重要工作，稍有不慎就可能对生产造成巨大损失，有些雏鸡本来很强壮，运输中管理不当，就会变成弱雏，严重时，会造成雏鸡大量死亡。所以，雏鸡运输中要管理得当。

运输工具，应根据具体情况，选择空运、火车运输、汽车运输、船舶运输等。运输雏鸡的用具最好使用一次性专用运输盒。近距离运输也可使用塑料周转箱，但每次使用后都要认真清洗消毒。雏盒周围打适当数量的透气孔，内部最好隔成四部分，每个部分装鸡20~30只，每盒可装鸡80~120只。这种结构可防止在低温时，由于雏鸡拥挤成堆而压伤压死。雏盒底部最好铺吸水强的垫纸，一方面具有防滑作用，可使雏鸡在盒内站立稳当，同时，又可吸收雏鸡排泄物中的水分，保持干燥清洁。在运输时，雏鸡盒要摆放平稳，重叠不宜过高，以免太重而相互挤压，使雏鸡受损。运输中要定期观察雏鸡情况，当发现雏鸡张嘴喘息绒毛湿时，温度可能太高，应及时倒换雏盒的上下、左右、前后位置，以利通风散热。最适宜运输雏鸡的温度为22~24℃。当运输距离远、时间长时，应在车内洒水，一方面利于蒸发散热，另一方面由于雏鸡出壳后，体内水分消耗较大，48h可消耗15%，通过洒水，避免雏鸡脱水而影响成活率。

不同季节运输有不同要求，夏季运输比冬季运输更容易发生问题，主要是过热闷死雏鸡。空调车内因氧气不足而造成雏鸡死亡的事屡见不鲜。所以，最好避开高温时间，早晚运输较好。冬季尽管气温低，但只要避免冷风直吹，适当保温，是比较安全的，保温用具可用棉被、棉毯、床单。汽车运输时，车厢内底部最好铺一层毡，效果会更好。当雏鸡发出刺耳叫声时，应及时检查，不是过冷，就是太热，或夹挤受伤。应马上采取相应措施。冬季运输还应特别注意贼风。

雏鸡运到鸡舍后，休息片刻，即可按合理的密度放入舍内饲养。

**(三) 育雏技术**

1. 初饮与开食

（1）饮水。先饮水后开食是育雏的基本原则之一。一定要在雏鸡充分饮水 1～2h 后再开食，因为雏鸡出壳后体内还有一部分卵黄没有被充分吸收，对雏鸡的生长还有作用，及时饮水有利于卵黄的吸收和胎粪的排出。另外在运输过程和育雏室的高温环境中，雏鸡体内的水代谢和呼吸的散发都需要大量水分，饮水有助于体力的恢复。因此，育雏时，必须重视初饮，使每只鸡都能喝上水。

雏鸡初次饮水的水温很重要，绝对不能直接饮用凉水，否则，极易造成腹泻，在育雏第一周最好饮用温开水。饮水时，可在水中适当加一些维生素、葡萄糖，以促进和保证鸡的健康生长。特别是经过长途运输的雏鸡，饮水中加糖和维生素 C 可明显提高成活率。另外，在水中添加抗生素可预防白痢等病的发生。

在育雏初期，特别是前 3d，为使雏鸡充分饮水，应有足够的光照。由于鸡体所有的代谢离不开水。体温调节离不开水，维持体液的酸碱平衡和渗透压也离不开水。断水会使雏鸡干渴，抢水而发生挤压，造成损伤。所以，在整个育雏期内，要保证全天供水。

为使所有的雏鸡都能尽早饮水，应进行诱导，用手轻轻握住雏鸡身体，用食指轻按头部，使喙进入水中，稍停片刻，松开食指，雏鸡仰头将水咽下，经过个别诱导，雏鸡很快相互模仿，普遍饮水。随着雏鸡日龄的增加，要更换饮水器的大小和型号。数量上必须满足雏鸡的需要，使用水槽时，每只雏鸡要有 2cm 的槽位，小型饮水器应保证每 50 只雏鸡一个，且要定期进行清洗和消毒。

（2）开食。

①开食时间：雏鸡的第一次喂饲称开食。开食要适时，过早开食雏鸡无食欲，过晚开食因得不到营养而消耗自身的营养物质，从而消耗雏鸡体力，使雏鸡变得虚弱，影响以后的生长发育和成活。一般来讲，在出壳后 24~36h 内开食，对雏鸡的生长是有利的，实际饲养中，在饮水 2h 后即可开食。

②开食料：雏鸡的开食料必须科学配制，营养含量要能完全满足雏鸡的生长发育需要。没有必要添加蛋白质营养。但有时为防止育雏初期的营养性腹泻（糊肛），在开食时，每只雏鸡可喂 1~2g 小米或碎玉米，也可添加少量酵母粉以帮助消化。

③开食：对雏鸡饲喂可直接喂干料，将干料撒在开食盘或雏鸡食槽内，任其采食。但干料的适口性差，最好将料拌湿，以抓到手中成团，放在地上撒成粉为宜，以增加适口性。

开食时，大部分雏鸡都能吃到料，但总有部分雏鸡由于受到应激过重等因素的影响，不愿采食，这时应采取人工诱食措施。喂料时，应做到少喂勤喂，促进鸡的食欲，1~2 周每天喂 5~6 次，3~4 周每天喂 4~5 次，5 周以后每天喂 3~4 次。

④喂量：对每天的饲喂量不同品种有不同要求，并且饲喂量也与饲料的营养水平有关，应根据本品种的体重要求和鸡群的实际体重来调整饲喂量。

⑤食具：初期用开食盘或蛋托，随着雏鸡日龄的增加，鸡的活动范围也在增大，在 7~10 日龄后，可以逐步过渡到正规食具（料桶或料槽等）。要保证足够的槽位。同时要保持料槽（桶）的卫生，及时清理混入料中的粪便和垫料，以免影响雏

鸡的采食和健康。逐步提高采食面的高度使之与鸡背高度相仿，以免挑食和刨食，减少饲料浪费。

2. 日常管理

育雏是一项细致的工作，要养好雏鸡应做到眼勤、手勤、腿勤、科学思考。

（1）观察鸡群状况。要养好雏鸡，学会善于观察鸡群至关重要，通过观察雏鸡的采食、饮水、运动、睡眠及粪便等情况，及时了解饲料搭配是否合理，雏鸡健康状况如何，温度是否适宜等。

观察采食、饮水情况主要在早晚进行，健康鸡食欲旺盛，晚上检查时嗉囊饱满，早晨喂料前嗉囊空，饮水量正常。如果发现雏鸡食欲下降，剩料较多，饮水量增加，则可能是舍内温度过高，要及时调温，如无其他原因，应考虑是否患病。

观察粪便要在早晨进行。若粪便稀，可能是饮水过多、消化不良或受凉所致，应检查舍内温度和饲料状况；若排出红色或带肉质黏膜的粪便，是球虫病的症状；如排出白色稀粪，且黏于泄殖腔周围，一般是白痢。

（2）定期称重。为了掌握雏鸡的发育情况，应定期随机抽测 5% 左右的雏鸡体重与本品种标准体重比较，如果有明显差别时，应及时修订饲养管理措施。

①开食前称重：雏鸡进入育雏舍后，随机抽样 50~100 只逐只称重，以了解平均体重和体重的变异系数，为确定育雏温度、湿度提供依据。如体重过小，是由于雏鸡从出壳到进入育雏舍间隔时间过长所造成的，应及早饮水，开食；如果是由于种蛋过小造成的，则应有意识地提高育雏温度和湿度，适当提高饲料营养水平，管理上更加细致。

②育雏期称重：为了了解雏鸡体重发育情况，应于每周末随机抽测 50~100 只鸡的体重，并将称重结果与本品种标准体

重对照，若低于标准很多，应认真分析原因，必要时进行矫正。矫正的方法是：在以后的3周内慢慢加料，以达到正常值为止，一般的基准为1g饲料可增加1g体重，例如，低于标准体重25g，则应在3周内使料量增加25g。

（3）适时断喙：由于鸡的上喙有一个小弯弧，这样在采食时容易把饲料刨在槽外，造成饲料浪费。当育雏温度过高，鸡舍内通风换气不良，鸡饲料营养成分不平衡，如缺乏某种矿物元素或蛋白质水平过低，鸡群密度过大，光照过强等，都会引起鸡只之间相互啄羽、啄肛、啄趾或啄裸露部分，形成啄癖。啄癖一旦发生，鸡群会骚动不安，死淘率明显上升。如不采取有效措施，将对生产造成巨大损失。在生产中，一般针对啄癖产生的原因，改变饲料配方，减弱光照强度，变换光色（如红光可有效防止啄癖），改善通风换气条件，疏散密度等来避免啄癖继续发生，而且可减少饲料浪费。所以，在现代养鸡生产中，特别是笼养鸡群，必须断喙。

断喙适宜时间为7~10日龄，这时雏鸡耐受力比初生雏要强得多，体重不大，便于操作。断喙使用的工具最好是专用断喙器，它有自动式和人工式两种。在生产中，由于自动式断喙器尽管速度快，但精确度不高，所以，多采用人工式。如没有断喙器，也可用电烙铁或烧烫的刀片切烙。

断喙器的工作温度按鸡的大小、喙的坚硬程度调整，7~10日龄的雏鸡，刀片温度达到700℃较适宜，这时，可见刀片中间部分发出樱桃红色，这样的温度可及时止血，不致破坏喙组织。

断喙时，左手握住雏鸡，右手拇指与食指压住鸡头，将喙插入刀孔，切去上喙1/2，下喙1/3，做到上短下长，切后在刀片上灼烙2~3s，以利止血。

断喙时雏鸡的应激较大，所以，在断喙前，要检查鸡群健康状况，健康状况不佳或有其他反常情况，均不宜断喙。此外，在断喙前可加喂维生素 K。断喙后要细致管理，增加喂料量，不能使槽中饲料见底。

（4）密度的调整。密度即单位面积能容纳的雏鸡数量。密度过大，鸡群采食时相互挤压，采食不均匀，雏鸡的大小也不均匀，生长发育受到影响；密度过小，设备及空间的利用率低，生产成本高。所以，饲养密度必须适宜。

（5）及时分群。通过称重可以了解平均体重和鸡群的整齐度情况。鸡群的整齐度用均匀度表示。即用进入平均体重±10%范围内的鸡数占总测鸡数的百分比来表示。均匀度大于80%，则认为整齐度好，若小于70%则认为整齐度差。为了提高鸡群的整齐度，应按体重大小分群饲养。可结合断喙、疫苗接种及转群进行，分群时，将过小或过重的鸡挑出单独饲养，使体重小的尽快赶上中等体重的鸡，体重过大的，通过限制饲养，使体重降到标准体重。这样就可提高鸡群的整齐度。逐个称重分群，费时费力，可根据雏鸡羽毛生长情况来判断体重大小，进行分群。

3. 做好日常记录

育雏期间，每天应记录死亡及淘汰雏鸡数，进出周转或出售数，各批鸡每天耗料情况，免疫接种、用药情况，体重抽测情况，环境条件变化情况等资料，以便育雏结束时进行系统分析。

## 二、育成鸡的饲养管理

育成鸡一般是指 7~18 周龄的鸡。育成期的培育目标是鸡的体重体型符合本品种或品系的要求；群体整齐，均匀度在80%以上；性成熟一致，符合正常的生长曲线；良好的健康状况，适时开产，在产蛋期发挥其遗传因素所赋予的生产性能，育成率应达96%以上。

**（一）生理特点**

*1. 对环境具有良好的适应性*

育成鸡的羽毛已经丰满，具备了调节体温及适应环境的能力。所以，在寒冬季节，只要鸡舍保温条件好，舍温在10℃以上，则不必采取供暖措施。

*2. 消化机能提高*

对麸皮、草粉、叶粉等粗饲料可以较好地利用，所以，饲料中可适当增加粗饲料和杂粮。

*3. 骨骼和肌肉处于旺盛的生长时期*

这一时期，鸡体重增加较快，如轻型蛋鸡18周龄的体重可达到成年体重的75%。

*4. 生殖器官发育加快*

10周龄以后，母鸡的生殖系统发育较快，在光照和日粮方面加以控制，蛋白质水平不宜过高，含钙不宜过多，否则会出现性成熟提前，从而早产，影响产蛋性能的充分发挥。

**（二）饲养**

*1. 饲养方式及饲养密度*

（1）饲养方式。有地面平养、网上平养和笼养等。

（2）饲养密度。育成鸡饲养密度要适中，密度过大，鸡群拥挤，采食不均，均匀度差；密度过小，不经济，保温效果差。所以，育成期内要有合理的饲养密度。

*2. 营养*

逐渐降低能量、蛋白质等营养的供给水平，保证维生素、矿物质及微量元素的供给，这样可使鸡的生殖系统发育缓慢，又可促进骨骼和肌肉生长,增强消化系统机能,使育成鸡具备一个良好的繁殖体况,能适时开产。

限制水平一般为 7~14 周龄日粮中粗蛋白质含量 15%~16%,代谢能 11.49MJ/kg;15~18 周龄蛋白质 14%,代谢能 11.28MJ/kg。应当强调的是,在降低蛋白质和能量水平时,应保证必需氨基酸,尤其是限制性氨基酸的供给。育成期饲料中矿物质含量要充足,钙磷应保持在 (1.2~1.5):1,同时,饲料中各种维生素及微量元素比例要适当。为改善育成鸡的消化机能,地面平养每 100 只鸡每周喂 0.2~0.3kg 沙砾,笼养鸡按饲料量的 0.5%饲喂。

3. 限制饲养

蛋鸡育成鸡一般从 9 周龄开始实施限制饲喂。

(1) 限量饲喂。就是不限制采食时间,把配合好的日粮按限制量喂给,喂完为止,限制饲喂量为正常采食量的 80%~90%。

采取这种办法,必须先掌握鸡的正常采食量,而且每天的喂料量应正确称量。所喂日粮的质量必须符合要求,否则,会因日粮质差量少而使鸡群生长及发育受到影响。

(2) 限时饲喂。分隔日限饲和每周限饲两种。

隔日限制饲喂:就是把 2d 的饲喂量集中在 1d 喂完。给料日将饲料均匀地撒在料槽中,然后停喂 1d,料槽中不留料,也不放其他食物,但要供给充足的饮水,特别是热天不能断水。这种方法常用于体重超标的青年鸡。

每周限制饲喂:即每周停喂 1d 或 2d。可节约饲料 5%,这种方法适用于蛋鸡育成鸡。

(3) 限质饲喂。是让日粮中某些营养成分低于正常水平,从而达到限饲的目的。如低能、低蛋白质和低赖氨酸日粮都会延迟性成熟,减少饲料消耗,降低饲料成本。采用何种方法,各地应根据鸡群状况、技术力量、鸡舍设备、季节、饲料条件等具体情况而定。

**（三）管理**

1. 入舍初期管理

从雏鸡舍转入育成舍之前，育成鸡舍的设备必须彻底清扫、冲洗和消毒，在熏蒸消毒后，密闭空置 3~5d 后进行转群。转入初期必须做如下工作。

（1）临时增加光照。转群第一天应 24h 供光，同时在转群前做到水、料齐备，环境条件适宜，使育成鸡进入新鸡舍能迅速熟悉新环境，尽量减少因转群对鸡造成的应激反应。

（2）补充舍温。如在寒冷季节转群，舍温低时，应给予补充舍内温度，补到与转群前温度相近或高 1℃ 左右。这一点，对平养育成鸡更为重要。否则，鸡群会因寒冷拥挤起堆，引起部分被压鸡窒息死亡。如果转入育成笼，每小笼鸡数量少，舍温在 18℃ 以上时，则不必补温。

（3）整理鸡群。转入育成舍后，要检查每笼的鸡数，多则提出，少则补入，使每笼鸡数符合饲养密度要求，同时清点鸡数，便于管理。在清点时，可将体小、伤残、发育差的鸡捉出另行饲养或处理。

（4）换料。从育雏期到育成期，饲料的更换是一个很大的转折。雏鸡料和育成料在营养成分上有很大差别，转入育成鸡舍后不能突然换料，而应有一个适应过程，一般以 1 周的时间为宜。从第 7 周龄的第 1~2 天，用 2/3 的育雏料和 1/3 的育成料混合喂给；第 3~4 天，用 1/2 的育雏料和 1/2 的育成料混合喂给；第 5~6 天，用 1/3 的育雏料和 2/3 的育成料混合喂给，以后喂给育成料。

2. 日常管理

日常管理是养鸡生产的常规性工作，必须认真、仔细地完成，这样才能保证鸡体的正常生长发育，提高鸡群的整齐度。

（1）做好卫生防疫工作。为了保证鸡群健康发育，防止疾病发生，除按期接种疫苗，预防性投药、驱虫外，要加强日常卫生管理，经常清扫鸡舍，更换垫料，加强通风换气，疏散密度，严格消毒等。

（2）仔细观察，精心看护。每日仔细观察鸡群的采食、饮水、排粪、精神状态、外观表现等，发现问题及时解决。

（3）保持环境安静稳定，尽量减缓或避免应激。由于生殖器官的发育，特别是在育成后期，鸡对环境变化的反应很敏感，在日常管理上应尽量减少干扰，保持环境安静，防止噪声，不要经常变动饲料配方和饲养人员，每天的工作程序更不能变动。调整饲料配方时要逐渐进行，一般应有一周的过渡期。断喙、接种疫苗、驱虫等必须执行的技术措施要谨慎安排，最好不转群，少抓鸡。

（4）保持适宜的密度。适宜的密度不仅增加了鸡的运动机会，还可以促进育成鸡骨骼、肌肉和内部器官的发育，从而增强体质。网上平养时一般每平方米 10~12 只，笼养条件下，按笼底面积计算，比较适宜的密度为每平方米 15~16 只。

（5）定期称测体重和体尺，控制均匀度。育成期的体重和体况与产蛋阶段的生产性能具有较大的相关性，育成期体重可直接影响开产日龄、产蛋量、蛋重、蛋料比及产蛋高峰持续期。体型是指鸡骨骼系统的发育，骨骼宽大，意味着母鸡中后期产蛋的潜力大。饲养管理不当，易导致鸡的体型发育与骨骼发育失衡。鸡的胫长可表明鸡体骨骼发育程度，所以通过测量胫长长度可反映出体格发育情况。

为了掌握鸡群的生长发育情况，应定期随机抽测 5%~

10%的育成鸡体重和胚长，与本品种标准比较，如发现有较大差别时，应及时修订饲养管理措施，为培育出健壮、高产的新母鸡提供参考依据，实行科学饲养。

（6）淘汰病、弱鸡。为了使鸡群整齐一致，保证鸡群健康整齐，必须注意及时淘汰病、弱鸡，除平时淘汰外，在育成期要集中两次挑选和淘汰。第一次是在 8 周龄前后，选留发育好的，淘汰发育不全、过于弱小或有残疾的鸡。第二次是在 17~18 周龄，结合转群时进行，挑选外貌结构良好的，淘汰不符合本品种特征和过于消瘦的个体，断喙不良的鸡在转群时也应重新修整。同时还应配有专人计数。

（7）做好日常工作记录。

### 三、产蛋鸡的饲养管理

产蛋鸡一般是指 19~72 周龄的鸡。产蛋阶段的饲养任务是最大限度地消除、减少各种应激对蛋鸡的有害影响，为产蛋鸡提供最有益于健康和产蛋的环境，使鸡群充分发挥生产性能，从而达到最佳的经济效益。

#### （一）开产前的准备

1. 鸡舍及设备的消毒

上一批产蛋鸡淘汰以后，青年母鸡转入产蛋舍前，要对鸡舍及设备进行彻底的消毒。

（1）彻底清除积粪和垫草，用高压水泵将地面、墙壁及各种笼具冲洗干净。

（2）用火焰喷射器将笼具、墙壁及地面烧一遍，一些塑料制品，应先浸入到含有洗涤剂的水中清洗干净，再用含有消毒剂的水消毒干净，饮水系统必须清洗干净后，再进行消毒。鸡舍周围要打扫干净，喷洒消毒药进行消毒。

（3）用广谱消毒剂喷洒墙壁和地面，若发现有寄生虫，应加上杀虫剂，在鸡舍的墙壁上用石灰浆水喷洒一层，既能起到消毒作用，又能增加鸡舍内的亮度。

（4）空舍时间必须在 10d 以上。鸡舍内换上干净的设备后，关闭鸡舍，舍内温度升高到 25℃，湿度升高到 60% ~ 70%，按每立方米鸡舍空间 40ml 甲醛、20g 高锰酸钾进行熏蒸消毒，熏蒸时间不能少于 18h，时间长一些，效果将更好，在进鸡前 48h，打开门窗及风机，排出气味，就可进鸡。

2. 转群

应在鸡群开产前及时转群，使鸡有足够的时间熟悉和适应新的环境，以减少因环境变化给开产带来的不良影响。转群的时间视具体情况而定，如蛋用型鸡可在 17 ~ 18 周龄时转群。限饲的鸡群，转群前 48h 应停止限饲；转群应在鸡正好休息的时间内进行，为减少惊扰鸡群，可在夜间进行，将鸡舍灯泡换成小瓦数或绿色灯泡，使光线变暗，或白天将门窗遮挡好，以便于捉鸡。捉鸡时要捉两腿，不要捉颈捉翅，动作迅速，轻抓轻放，不能粗暴，以最大限度减少鸡群惊慌。

转群前要准备充足的水和饲料。转群时注意天气不应太冷、太热，冬天尽量选择在晴天转群，夏天可在早晚或阴凉天气转群，转群后的 1~2 周应做好向产蛋期过渡的工作，如调换饲料配方，增加光照等，准备产蛋。

（二）饲养

现代性能卓越的蛋鸡群，500 日龄入舍母鸡总产蛋量可达 18 ~ 19kg，是它本身体重的 8 ~ 9 倍，在产蛋期间体重增加 30% ~ 40%。采食的饲粮约为其体重的 20 倍。因此，在饲养时必须认真研究与计算，用尽可能少的饲粮全面满足其营养需要，既能使鸡群健康正常，也能充分发挥其产蛋潜力，以取得良好效益。

1. 分段饲养

蛋鸡产蛋期间的阶段饲养是指根据鸡群的产蛋率和周龄将产蛋期分为几个阶段，并根据环境温度喂给不同营养水平的日粮，这种既满足营养需要，又不浪费饲料的方法叫阶段饲养法。阶段饲养在不同的情况下有着不同的含义，这里主要指产蛋阶段饲料蛋白质和能量水平的调节，以便更准确地满足蛋鸡不同产蛋期的蛋白质、能量需要量，以降低饲料成本。阶段饲养分为三阶段饲养法和两阶段饲养法两种。

（1）三阶段饲养法。即产蛋前期、中期、后期，或产蛋率80%以上，70%~80%，70%以下3个阶段。

第一阶段是产蛋率80%以上时期（多数是自开产至40周龄）。在育成阶段发育良好，均匀度较高，光照适时，一般在20周龄开产，26~28周龄达产蛋高峰，产蛋率可达95%左右。到40周龄时产蛋率也能维持在80%以上，蛋重由开始的40g左右增至56g以上。实践证明，产蛋率50%的日龄以160~170d为宜，这样的鸡初产蛋重较大，蛋重上升快，高峰期峰值高，持续时间也长。在一群鸡中，如果开产时间早晚不一，那么鸡群不会有很高的产蛋高峰出现。可通过控制光照、限饲等使鸡群开产同步。开产后喂给高能量、高蛋白质水平且富含矿物质和维生素的日粮，在满足自身体重增加的基础上使产蛋率迅速达到高峰，并维持较长的时间。此阶段日粮可掌握每天每只鸡采食18~19g粗蛋白质，能量1 263.6kJ左右。产蛋前期的母鸡除了应注意刚转群时饲养管理外，还应特别注意因繁殖机能旺盛、代谢强度大、产蛋率和自身体重均增加，而出现抵抗力较差的情况。应加强卫生和防疫工作。

第二、三阶段分别为产蛋率70%~80%和70%以下（多在40~60周龄和66周龄以后）。此期母鸡的体重几乎不再增加，而且产蛋开始下降，只是蛋重有增加，故此时的饲养管理应是使产蛋率缓慢和平稳地下降。应降低日粮的营养水平，粗蛋白质采食量应掌握在 16～17g 和 15～16g。只要日粮中各种氨基酸平衡，粗蛋白质降低 1%对鸡的产蛋性能不致有影响。加拿大谢佛公司的阶段饲养法为：第一阶段的蛋白质给量是每天每只鸡 17～18g，高峰的顶峰阶段甚至高达 19g，第二、三阶段分别为 16g 和 15g。一般情况下轻型蛋鸡三阶段日粮标准为前期粗蛋白质 18%，代谢能 11.97MJ/kg；中期粗蛋白质 16.5%，代谢能 11.97MJ/kg；后期粗蛋白质 15%，代谢能 11.97MJ/kg。

（2）两阶段饲养法。即从开产至 42 周龄为前期，42 周龄以后为后期。产蛋前期喂给较高水平蛋白质日粮，蛋白质水平为 17%或 18%，产蛋后期日粮蛋白质水平降为 15%或 16%。

2. 调整饲养

产蛋鸡的营养需要受品种、体重、产蛋率、鸡舍温度、疾病、卫生状况、饲养方式、密度、饲料中能量含量以及饮水温度等诸多因素的影响，而分段饲养的营养标准只是规定鸡在标准条件下营养需要的基本原则和指标，不能全面反映可变因素的营养需要。调整日粮配方以适应鸡对各种因素变化的生理需要，这种饲养方式称为调整饲养。

3. 限制饲养

随着养鸡科技的进一步发展，蛋用型鸡产蛋期限制饲养的意义已日趋明显。由于饲料消耗是影响蛋鸡收益的最主要的经济性状，在产蛋期实行限制饲养，可以提高饲料转化率，降低成本，维持鸡的适宜体重，避免母鸡过肥而影响产蛋。即便是由于限饲使产蛋量略有下降，但由于能节省饲料，最终核算时，只要每只鸡的收入大于自由采食时的收入，限制饲喂也是合算的。

对产蛋鸡应该在产蛋高峰过后两周开始实行限制饲喂。具体方法是在产蛋高峰过后，将每100只鸡的每天饲料量减少230g，连续3~4d，如果由于饲料减少没有使产蛋量下降很多，则继续使用这一给料量，并可使给料量再少一些。只要产蛋量下降正常，这一方法可以持续下去，如果下降幅度较大，就将给料量恢复到前一个水平。当鸡群受应激刺激或气候异常寒冷时，不要减少给料量。在正常情况下，限制饲喂的饲料减少量不能超过8%~9%。

**（三）日常管理**

1. 观察鸡群

观察鸡群是蛋鸡饲养管理过程中既普遍又重要的工作。通过观察鸡群，及时掌握鸡群动态，以便于有效地采取措施，保证鸡群的高产稳产。

（1）清晨开灯后，观察鸡群的健康状况和粪便情况。健康鸡羽毛紧凑，冠脸红润，活泼好动，反应灵敏，越是产蛋高的鸡群，越活泼。健康鸡的粪便盘曲而干，有一定形状，呈褐色，上面有白色的尿酸盐附着。同时，要挑出病死鸡，及时交给兽医人员处理。

（2）在喂料给水时，要注意观察料槽和水槽的结构和数量是否适合鸡的采食和饮水。查看鸡的采食饮水情况，健康鸡采食饮水比较积极，要及时挑出不采食的鸡。

（3）及时挑出有啄癖的鸡。由于营养不全面，密度过大，产蛋阶段光线太强或脱肛等原因，均可引起个别鸡产生啄癖，这种鸡一经发现应立即抓出淘汰。

（4）及时挑出脱肛的鸡。由于光照增加过快或鸡蛋过大，从而引起鸡脱肛或子宫脱出，及时挑出进行有效处理，即可治好。否则，会被其他鸡啄死。

（5）仔细观察，及时挑出开产过迟的鸡和开产不久就换羽的鸡。

（6）夜间关灯后，首先将跑出笼外的鸡抓回，然后倾听鸡群动静，是否有呼噜、咳嗽、打喷嚏和甩鼻的声音，发现异常，应及时上报技术人员。

2. 定时喂料

产蛋鸡消化力强，食欲旺盛，每天喂料以三次为宜：第一次早晨6：30~7：30；第二次上午11：30~12：00；第三次下午6：30~7：30，3次的喂料量分别占全天喂料量的30%、30%和40%。也可将1d的总料量于早晚两次喂完，晚上喂的应在早上喂料时还有少许余料量，早上喂的料量应在晚上喂料时基本吃完。1d喂两次料时，每天要匀料3~4次，以刺激鸡采食。应定期补喂沙砾，每100只鸡，每周补喂250~350g沙砾。沙砾必须是不溶性砂，大小以能吃进为宜。每次沙砾的喂量应在1d内喂完。不要无限量的喂沙砾，否则会引起硬嗉症。

3. 饲养人员要按时完成各项工作

开灯、关灯、给水、拣蛋、清粪、消毒等日常工作，都要按规定、保质保量地完成。

每天必须清洗水槽，喂料时要检查饲料是否正常，有无异味、霉变等。要注意早晨一定让鸡吃饱，否则会因上午产蛋而影响采食量，关灯前，让鸡吃饱，不致使鸡空腹过夜。

及时清粪，保证鸡舍内环境优良。定期消毒，做好鸡舍内的卫生工作，有条件时，最好每周2次带鸡消毒，使鸡群有一个干净卫生的环境，从而使其健康得以保证，充分发挥其生产性能。

4. 拣蛋

及时拣蛋，给鸡创造一个无蛋环境，可以提高鸡的产蛋率。鸡产蛋的高峰一般在日出后的 3~4h，下午产蛋量占全天产蛋量的 20%~30%，生产中应根据产蛋时间和产蛋量及时拣蛋，一般每天应拣蛋 2~3 次。

5. 减少各种应激

产蛋鸡对环境的变化非常敏感，尤其是轻型蛋鸡。任何环境条件的突然改变都能引起强烈的应激反应。如高声喊叫、车辆鸣号、燃放鞭炮等，以及抓鸡转群、免疫、断喙、光照强度的改变、新奇的颜色等都能引起鸡群的惊恐而发生强烈的应激反应。

产蛋鸡的应激反应，突出表现为食欲不振，产蛋下降，产软蛋，有时还会引起其他疾病的发生，严重时可导致内脏出血而死亡。因此，必须尽可能减少应激，给鸡群创造良好的生产环境。

6. 做好记录

通过对日常管理活动中的死亡数、产蛋数、产蛋量、产蛋率、蛋重、料耗、舍温、饮水等实际情况的记载，可以反映鸡群的实际生产动态和日常活动的各种情况，可以了解生产，指导生产。所以，要想管理好鸡群，就必须做好鸡群的生产记录工作。也可以通过每批鸡生产情况的汇总，绘制成各种图表，与以往生产情况进行对比，以免在今后的生产中再出现同样的问题。

7. 减少饲料浪费

可采取以下措施：加料时，不超过料槽容量的 1/3；及时淘汰低产鸡、停产鸡；做好匀料工作；使用全价饲料，注意饲料质量，不喂发霉变质的饲料；产蛋后期对鸡进行限饲；提高饲养员的责任心。

# 第二节  肉鸡的饲养管理

## 一、肉仔鸡的饲养管理

### （一）重视后期育肥

肉仔鸡生长后期脂肪的沉积能力增强，因此应在饲料中增加能量含量，最好在饲料中添加3%～5%的脂肪。在管理上保持安静的生活环境、较暗的光线条件，尽量限制鸡群活动，注意降低饲养密度，保持地面清洁干燥。

### （二）添喂沙砾

1～14d，每100只鸡喂给100g细沙砾。以后每周100只鸡喂给400g粗沙砾，或在鸡舍内均匀放置几个沙砾盆，供鸡自由采用，沙砾要求干净、无污染。

### （三）适时出栏

肉用仔鸡的特点是，早期生长速度快、饲料利用率高，特别是6周龄前更为显著。因此要随时根据市场行情进行成本核算，在有利可盈的情况下，提倡提早出售。目前，我国饲养的肉仔鸡一般在6周龄左右，公母混养体重达2kg以上，即可出栏。

### （四）加强疫病防治

肉鸡生长周期短，饲养密度大，任何疾病一旦发生，都会造成严重损失。因此要制定严格的卫生防疫措施，搞好预防。

1. 实行"全进全出"的饲养制度

在同一场或同一舍内饲养同批同日龄的肉仔鸡，同时出栏，便于统一饲料、光照、防疫等措施的实施。第一批鸡出栏后，留2周以上时间彻底打扫消毒鸡舍，以切断病原的循环感染，使疫病减少，死亡率降低。全进全出的饲养制度是现代肉鸡生产必须做到的，也是保证鸡群健康，根除病原的最有效措施。

2. 加强环境卫生，建立严格的卫生消毒制度

搞好肉仔鸡的环境卫生，是养好肉仔鸡的重要保证。鸡舍门口设消毒池，垫料要保持干燥，饲喂用具要经常洗刷消毒，注意饮水消毒和带鸡消毒。

3. 疫苗接种

疫苗接种是预防疾病，特别是预防病毒性疾病的重要措施，要根据当地传染病的流行特点，结合本场实际制定合理的免疫程序。最可靠的方法是进行抗体检测，以确定各种疫苗的使用时间。

4. 药物预防

根据本场实际，定期进行预防性投药，以确保鸡群稳定健康。如1~4日龄饮水中加抗菌药物（环丙沙星、恩诺沙星），防治脐炎、鸡白痢、慢性呼吸道病等疾病，切断蛋传疾病。17~19日龄再次用以上药物饮水3d，为防止产生抗药性，可添加磺胺增效剂。15日龄后地面平养鸡，应注意球虫病的预防。

## 二、肉种鸡的饲养管理

现代肉鸡育种以提高肉用性能为中心，以提高增重速度为重点，育成的肉用鸡种体型大，肌肉发达，采食量大，饲养过程中易发生过肥或超重，使正常的生殖机能受到抑制，表现为产蛋减少、腿病增多、种蛋受精率降低，使肉种鸡自身的特点

和肉种鸡饲养者所追求的目的不一致。解决肉种鸡产肉性能与产蛋任务的矛盾，重点是保持其生长和产蛋期的适宜体重，防止体重过大或过肥。所以，发挥限制饲养技术的调控作用，就成为饲养肉种鸡的关键。

## （一）种母鸡各阶段的饲养管理

### 1. 育雏育成期公母分群饲养

现代肉种鸡0~10日龄为育雏期，由于育雏期缩短，需要提供更精细的饲养管理。具体饲养管理方法见蛋用雏鸡饲养，此处仅重点介绍肉用种鸡育雏育成期的公母分群。

育雏、育成期种公鸡和种母鸡的饲养管理原则基本相同，但体重生长曲线和饲喂程序却不一样。虽然种公鸡的数量在整个鸡群中所占的比例较小，但在遗传育种重要性方面却起着百分之五十的作用。因此，种公鸡和种母鸡在达到其最适宜的体重目标方面具有同样的重要性。目前大多数饲养管理成功的鸡群在整个育雏育成阶段都采用种公鸡和种母鸡分开饲养的程序，至少前6周要分开饲养。

### 2. 育成期的限制饲养

（1）育成期的培育目标。育成期指10日龄至15周龄，是决定肉种鸡体型发育的重要阶段。育成前期随着采食量的增加，鸡体生长明显加快，其骨骼、肌肉为生长的主要部位，至12周龄以后骨骼发育减慢，生殖系统发育开始加快，沉积脂肪能力变强。

（2）限制饲养的目的。

①延迟性成熟期。通过限制饲喂，后备种鸡的生长速度减慢，体重减轻，使性成熟推迟，一般可使开产日龄推迟10~40d。

②控制生长发育速度。使体重符合品种标准要求，提高均

匀度，防止母鸡过多的脂肪沉积，并使开产后小蛋数量减少。

③降低产蛋期死亡率。在限制饲喂期间，鸡无法得到充分营养，非健康和弱残的鸡在群体中处于劣势，最终无法耐受而死亡。这样在限喂期间将淘汰一部分鸡，育成后的鸡受到锻炼，在产蛋期间的死亡率降低。

④节省饲料。限制饲喂可节约饲料，降低生产成本，一般可节省 10% ~ 15% 的饲料。

⑤使同群内的种鸡的成熟期基本一致，做到同期开产，同时完成产蛋周期。

（3）限制饲养的方法。为了控制体重，首先必须进行称重以了解鸡群的体重状况。称重一般从 4 周龄开始，每周称重一次，每次随机抽取全群总数的 2% ~ 5% 或每栋鸡舍抽取不少于 50 只鸡，公母分开进行称重。称重后与标准体重进行对比，如果鸡体重未达标，则应增加饲喂量，延长采食时间，增加饲料中能量、蛋白质水平，甚至延长育雏料（育雏料中能量、蛋白质含量较高）饲喂周龄直至体重达标为止。如体重超标，则应进行限制饲喂，限制饲喂有如下方法。

①限时法。主要是通过控制种鸡的采食时间来控制其采食量。本法又可分为每日限饲、隔日限饲和每周限饲 3 种形式。

每日限饲：按种鸡年龄大小、体重增长情况和维持生长发育的营养需要，每日限量投料或通过限定饲喂次数和每次采食的时间来实现限饲。此法对鸡应激较小，适用于育雏后期、育成前期和转入产蛋鸡舍前 1~2 周或整个产蛋期的种鸡。

隔日限饲：把 2d 限饲的饲料集中在 1d 投给，即 1d 喂料，1d 停料。该法对种鸡应激较大，但可缓解其争食现象，使每只鸡吃料量大体相当，从而得到体重整齐度较高而又符合目标要求的鸡群。该法适用于生长速度快而难以控制的阶段，一般在 7~11 周龄。但实施阶段 2d 的喂料量，不可超过产蛋高峰期的喂料量。

每周限饲：每周喂 5d（周一、周二、周四、周五、周六），停 2d（周二、周日），即将 7d 的饲料平均分配到 5d 投饲。

②限质法。主要是限制饲料的营养水平，使种鸡日粮中某些营养成分的含量低于正常水平。通常采用降低日粮能量或蛋白质水平，或能量、蛋白质和赖氨酸水平都降低的方法，达到限制种鸡生长发育的目的。但是，在此应注意，对于种鸡日粮中的其他营养成分，如维生素、矿物质和微量元素等，仍需满足供给。

③限量法。通过减少喂料量，控制种鸡过快生长发育。实施此法时，一般按肉用种鸡自由采食量的 70%～80% 投喂饲料。当然，所喂饲料应保证质量和营养全价。

3. 产蛋高峰后种母鸡的饲养管理

此阶段饲养管理的目的是最大限度地提高每只种母鸡受精种蛋的数量。为保持种母鸡 30 周龄以后的身体健康和旺盛精力，种母鸡必须按照体重标准以近乎平均的速率获得体重增力，如果增重不足，种母鸡得不到足够的营养摄入，整体产蛋率就会有所下降。如果种母鸡增重过快，生产后期的产蛋率和受精率都会低于期望值。产蛋高峰后，体重超重和过多沉积脂肪会使产蛋持续性、蛋壳质量和种蛋受精率明显降低。为防止肉种鸡过量体脂肪沉积和超重，要求采用减料措施。具体实施要考虑到减料对鸡体造成的应激，避免导致产蛋率迅速下降，所以不同鸡群减料量和开始时间也不一样。应根据产蛋率、种母鸡体况、实际体重与标准体重的差异、环境温度、吃料时间、鸡群的健康状况等情况减料。一般在环境因素不变的前提下，当鸡群产蛋率停止上升后 1 周左右时间开始。每次减料以后，如果产蛋率下降的速度比预期的要快，应将料量立即恢复到原来的水平并在 5~7d 后再尝试减料。

**（二）种公鸡的饲养管理**

**1. 体重控制**

在保证肉用种公鸡营养需要量的同时应控制其体重，以保持品种应有的体重标准。在育成期必须进行限制饲喂，从 15 周龄开始，种公鸡的饲养目标就是让种公鸡按照体重标准曲线生长发育，并与种母鸡一道均匀协调地达到性成熟。混群前每周至少一次、混群后每周至少两次监测种公鸡的体重和周增重。平养种鸡 20~23 周龄公母混群后，监测种公鸡的体重更为困难，一般是在混群前将所挑选的 5% 标准体重范围内 20%~30% 的种公鸡做出标记，在抽样称重过程中，仅对做出标记的种公鸡进行称重。根据种公鸡抽样称重的结果确定喂料量的多少。

**2. 种公鸡的饲喂**

公母混群后，种公鸡和种母鸡应利用其头型大小和鸡冠尺寸之间的差异由不同的饲喂系统进行饲喂，可以有效地控制体重和均匀度。种公鸡常用的饲喂设备有自动盘式喂料器、悬挂式料桶和吊挂式料槽。每次喂完料后，将饲喂器提升到一定高度，避免任何鸡只接触，将次日的料量加入，喂料时再将喂料器放下。必须保证每只种公鸡至少拥有 18cm 的采食位置，并确保饲料分布均匀。采食位置不能过大，以免使一些凶猛的公鸡多吃多占，均匀度变差，造成生产性能下降。随着种公鸡数量的减少，其饲喂器数量也应相应减少。经证明，悬挂式料桶特别适合饲喂种公鸡，料槽内的饲料用手匀平，确保每一只种公鸡吃到同样多的饲料。应先喂种母鸡料，后喂种公鸡料，有利于公母分饲。要注意调节种母鸡喂料器格栅的宽度、高度和精确度，检查喂料器状况，防止种公鸡从种母鸡喂料器中偷料，否则种公鸡的体重难以控制。

3. 监测种公鸡的体况

每周都应监测种公鸡的状况，建立良好的日常检查程序。种公鸡的体况监测包括种公鸡的精神状态，是否超重，机敏性和活力，脸部、鸡冠、肉垂的颜色和状态，腿部、关节、脚趾的状态，肌肉的韧性、丰满度和胸骨突出情况，羽毛是否脱落，吃料时间，肛门颜色（种公鸡交配频率高肛门颜色鲜艳）等。平养肉种鸡时，公鸡腿部更容易出现问题，比如跛行、脚底肿胀发炎、关节炎等，这些公鸡往往配种受精能力较弱，应及时淘汰。公母交配造成母鸡损伤时，淘汰体重过大的种公鸡。

4. 适宜的公母比例

公母比例取决于种鸡类型和体形大小，公鸡过多或过少均会影响受精率。自然交配时一般公母比例为（8.5~9）∶100比较合适。无论何时出现过度交配现象（有些母鸡头后部和尾根部的羽毛脱落是过度交配的征兆），应按1∶200的比例淘汰种公鸡，并调整以后的公母比例。按常规每周评估整个鸡群和个体公鸡，根据个体种公鸡的状况淘汰多余的种公鸡，保持最佳公母比例。人工授精时公母比例为1∶（20~30）比较合适。

5. 创造良好的交配环境

饲养在"条板—垫料"地面的种鸡，公鸡往往喜欢停留在条板栖息，而母鸡却往往喜欢在垫料上配种，这些母鸡会因公鸡不离开条板而得不到配种。为解决这个问题，可于下午将一些谷物或粗玉米颗粒撒在垫料上，诱使公鸡离开条板在垫料上与母鸡交配。

6. 替换公鸡

如果种公鸡饲养管理合理，与种母鸡同时入舍的种公鸡足以保持整个生产周期全群的受精率。随着鸡群年龄的增长不断地淘汰，种公鸡的数目逐渐减少。为了保持最佳公母比例，鸡群可在生产后期用年轻健康强壮公鸡替换老龄公鸡。对替换公鸡应进行实验室分析和临床检查，确保其不要将病原体带入鸡群。确保替换公鸡完全达到性成熟，避免其受到老龄种母鸡和种公鸡的欺负。为防止公鸡间打架，加入新公鸡时应在关灯后或黑暗时进行。观察替换公鸡的采食饮水状况，将反应慢的种公鸡圈入小圈，使其方便找到饮水和饲料。替换公鸡（带上不同颜色的脚圈或在翅膀上喷上颜色）应与老龄公鸡分开称重，以监测其体重增长趋势。

# 第二章　鸭的规模化养殖

## 第一节　鸭的生活习性

### 一、喜水合群

鸭属于水禽，喜欢在水中洗浴、嬉戏、觅食和求偶。鸭一般只在休息和产蛋的时候回到陆地上，大部分时间在水中度过。鸭性情温顺，合群性很强，很少单独行动。因此，有水面的地方可大群放牧饲养。

### 二、喜欢杂食

鸭嗅觉、味觉不发达，但食道容积大，肌胃发达。因此，鸭的食性很广，无论精、粗、青绿饲料都可作为鸭的饲料。

### 三、耐寒怕热

鸭体表羽绒层厚，羽毛浓密，尾脂腺发达，皮下脂肪厚，耐寒性强。鸭比较怕热，在炎热的夏季喜欢泡在水中，或在树荫下休息，觅食减少，采食量下降，产蛋率也下降。所以，天气炎热时要做好遮阴防暑工作。

### 四、反应灵敏、生活有规律

鸭的反应敏捷，能较快地接受管理训练和调教。鸭的觅食、嬉水、休息、交配和产蛋等行为具有一定的规律，如上午一般以觅食为主，下午则以休息为主，间以嬉水、觅食，晚上则以休息为主，采食和饮水甚少。交配活动则多在早晨放牧、黄昏收牧和嬉水时进行。鸭的这些生活规律一经形成就不易改变。

### 五、适应能力强、胆小易惊

鸭对不同的气候和环境的适应能力较鸡强，适应范围广，生活力和抗病力强。但是，鸭胆小易惊，遇到人或其他动物即突然惊叫，导致产蛋减少甚至停产。

## 第二节　雏鸭的饲养管理

0~4周龄的鸭称为雏鸭。雏鸭绒毛稀短，体温调节能力差；体质弱，适应周围环境能力差；生长发育快，消化能力差；抗病力差，易得病死亡。雏鸭饲养管理的好坏不仅关系到雏鸭的生长发育和成活率，还会影响到鸭场内鸭群的更新和发展、鸭群以后的产蛋率和健康状况。

### 一、育雏前的准备

#### （一）育雏舍和设备的检修、清洗及消毒

雏鸭阶段主要是在育雏室内进行饲养，育雏开始前要对鸭舍及其设备进行清洗和检修。目的是尽可能将环境中的微生物减至最少，保证舍内环境的适宜和稳定，有效防止其他动物的进入。

对鸭舍的屋顶、墙壁、地面以及取暖、供水、供料、供电等设备进行彻底的清扫、检修，能冲洗的要冲洗干净，鼠洞要堵死，然后再进行消毒。用石灰水或其他消毒药水喷洒或涂

刷。清洗干净的设备用具需经太阳晒干。

清扫和整理完毕后在舍内地面铺上一层干净、柔软的垫料，一切用具搬到舍内，用福尔马林熏蒸法消毒。鸭舍门口应设置消毒池，放入消毒液。

对于育雏室外附近设有小型洗浴池的鸭场，在使用之前要对水池进行清理消毒，然后注入清水。

### （二）育雏用具设备的准备

应根据雏鸭饲养的数量和饲养方式配备足够的保温设备、垫料、围栏、料槽、水槽、水盆（前期雏鸭洗浴用）、清洁工具等设备用具，备好饲料、药品、疫苗，制定好操作规程和生产记录表格。

### （三）做好预温工作

无论采用哪种方式育雏和供温，进雏前 2~3d 对舍内保温设备要进行检修和调试，在雏鸭进入育雏室前 1d，要保证室内温度达到育雏所需要的温度，并保持温度的稳定。

## 二、雏鸭的饲料

### （一）开水

刚出壳的雏鸭第一次饮水称开水，也叫"潮口"。先饮水后开食，是饲养雏鸭的一个基本原则，一般在出壳后 24h 内进行。方法是把雏鸭喙浸入 30℃ 左右温开水中，让其喝水，反复几次，即可学会饮水。夏季天气晴朗，潮口也可在小溪中进行，把雏鸭放在竹篮内，一起浸入水中，只浸到雏鸭脚，不要浸湿绒毛。

### （二）开食

一般在开水后 30min 左右开食。开食料选用米饭、碎米、碎玉米粉等，也可直接用颗粒料自由采食的方法进行。开食时不要用料槽或料盘，直接撒在干净的塑料布上，便于全群同时采食到饲料。

### （三）饲喂次数和雏鸭料

随着雏鸭日龄的增加可逐渐减少饲喂次数，10 日龄以内白天喂 4 次，夜晚 1~2 次；11~20 日龄白天喂 3 次，夜晚 1~2 次；20 日龄后白天喂 3 次，夜晚 1 次。雏鸭料可参考此饲料配方：玉米 58.5%、麦麸 10%、豆饼 20%、国产鱼粉 10%、骨粉 0.5%、贝壳粉 1%，此外可额外添加 0.01% 的禽用多维和 0.1% 的微量元素。

## 三、雏鸭的管理

### （一）及时分群，严防堆压

雏鸭在"开水"前，应根据出雏的迟早、强弱分开饲养。笼养的雏鸭，将弱雏放在笼的上层、温度较高的地方。平养的要将强雏放在育雏室的近门口处，弱雏放在鸭舍中温度最高处。第二次分群是在吃料后 3d 左右，将吃料少或不吃料的放在一起饲养，适当增加饲喂次数，比其他雏鸭的环境温度提高 1~2℃。对患病的雏鸭要单独饲养或淘汰。以后可根据雏鸭的体重来分群，每周随机抽取 5%~10% 的雏鸭称重，未达到标准的要适当增加饲喂量，超过标准的要适当减少饲喂量。

### （二）从小调教下水，逐步锻炼放牧

下水要从小开始训练，千万不要因为小鸭怕冷、胆小、怕下水而停止。开始 1~5d，可以与小鸭"点水"（有的称"潮水"）结合起来，即在鸭篓内"点水"，第 5 天起，就可以自由下水活动了。注意每次下水上来，都要让它在无风温暖的地方梳理羽毛，使身上的湿毛尽快干燥，千万不可带着湿毛入窝休息。下水活动，夏季不能在中午烈日下进行，冬季不能在阴

冷的早晚进行。

5日龄以后，即雏鸭能够自由下水活动时，就可以开始放牧。开始放牧宜在鸭舍周围，适应以后，可慢慢延长放牧路线，选择理想的放牧环境，如水稻田、浅水河沟或湖塘，种植荸荠、芋艿的水田，种植莲藕、慈姑的浅水池塘等。放牧的时间要由短到长，逐步锻炼。放牧的次数也不能太多，雏鸭阶段，每天上、下午各放牧一次，中午休息。每次放牧的时间，开始时20~30min，以后慢慢延长，但不要超过1.5h。雏鸭放牧水稻田后，要到清水中游洗一下，然后上岸理毛休息。

**（三）搞好清洁卫生，保持圈窝干燥**

随着雏鸭日龄增大，排泄物不断增多，鸭篓和圈窝极易潮湿、污秽，这种环境会使雏鸭绒毛沾湿、弄脏，并有利于病原微生物繁殖，必须及时打扫干净，勤换垫草，保持篓内和圈窝内干燥清洁。换下的垫草要经过翻晒晾干，方能再用。育雏舍周围的环境，也要经常打扫，四周的排水沟必须畅通，以保持干燥、清洁、卫生的良好环境。

**（四）建立稳定的管理程序**

蛋鸭具有集体生活的习性，合群性很强，神经类型较敏感，其各种行为要在雏鸭阶段开始培养。例如，饮水、吃料、下水游泳、上岸理毛、入圈歇息等，都要定时、定地，每天有固定的一整套管理程序，形成习惯后，不要轻易改变，如果改变，也要逐步进行。饲料品种和调制方法的改变也如此。

# 第三节　育成鸭的饲养管理

育成鸭一般指5~16周龄的青年鸭。育成鸭饲养管理的好坏，直接影响产蛋鸭的生产性能和种鸭的种用价值。育成鸭具有生长发育快、羽毛生长速度快、器官发育快、适应性强等特点。育成阶段要特别注意控制生长速度和群体均匀度、体重和开产日龄，使蛋鸭适时达到性成熟，在理想的开产日龄开产，迅速达到产蛋高峰，充分发挥其生产潜力。

## 一、育成鸭的放牧

放牧养鸭是我国传统的养鸭方式，它利用了鸭场周围丰富的天然饲料，适时为稻田除虫，同时可使鸭体健壮，节约饲料，降低成本。

### （一）选择好放牧场所和放牧路线

早春放浅水塘、小河小港，让鸭觅食螺蛳、鱼虾、草根等水生生物。春耕开始后在耕翻的田内放牧，觅取田里的草籽、草根和蚯蚓、昆虫等天然动植物饲料。稻田插秧后从分蘖至抽穗扬花时，都可在稻田放牧，既除害虫杂草，又节省饲料，还增加了野生动物性蛋白的摄取量。待水稻收割后再放牧，可觅食落地稻粒和草籽，这是放鸭的最好时期。

每次放牧，路线远近要适当，鸭龄从小到大，路线由近到远，逐步锻炼，不能使鸭太疲劳；往返路线尽可能固定，便于管理。过河过江时，选水浅的地方；上下河岸，选坡度小、场面宽广之处，以免拥挤践踏。在水里浮游，应逆水放牧，便于觅食；有风天气放牧，应逆风前进，以免鸭毛被风吹开，使鸭受凉。每次放牧途中，都要选择1~2个可避风雨的阴凉地方，在中午炎热或遇雷阵雨时，都要把鸭赶回阴凉处休息。

### （二）采食训练与信号调教

为使鸭群及早采食和便于管理，采食训练和信号调教要在放牧前几天进行。采食训练根据牧地饲料资源情况，进行吃稻谷粒、吃螺蛳等的训练，方法是先将谷粒、螺蛳撒在地上，然后将饥饿的鸭群赶来任其采食。

信号调教是用固定的信号和动作进行反复训练，使鸭群建立起听从指挥的条件反射，以便于在放牧中收拢鸭群。

**（三）放牧方法**

1. 一条龙放牧法

这种放牧法一般由2～3人管理（视鸭群大小而定），由最有经验的牧鸭人（称为主棒）在前面领路，另有二名助手在后方的左右侧压阵，使鸭群形成5～10层次，缓慢前进，把稻田的落谷和昆虫吃干净。这种放牧法适于将要翻耕、泥巴稀而不硬的落谷田，宜在下午进行。

2. 满天星放牧法

即将鸭驱赶到放牧地区后，不是有秩序地前进，而是让它们散开，自由采食，先将有迁徙性的活昆虫吃掉，适当"闯鲜"，留下大部分遗粒，以后再放。这种放牧法适于干田块，或近期不会翻耕的田块，宜在上午进行。

3. 定时放牧法

群鸭的生活有一定的规律性，在一天的放牧过程中，要出现3～4次积极采食的高潮，3～4次集中休息和浮游。根据这一规律，在放牧时，不要让鸭群整天泡在田里或水上，而要采取定时放牧法。春末至秋初，一般采食四次，即早晨、上午10：00左右、下午3：00左右、傍晚前各采食一次。秋后至初春，气候冷，日照时数少，一般每日分早、中、晚采食3次。饲养员要选择好放牧场地，把天然饲料丰富的地方留作采食高潮时放牧。如不控制鸭群的采食和休息时间，整天东奔西跑，使鸭子终日处于半饥饿状态，得不到休息，既消耗体力，又不能充分利用天然饲料，是放牧鸭群的大忌。

### （四） 放牧鸭群的控制

鸭子具有较强的合群性，从育雏开始到放牧训练，建立起听从放牧人员口令和放牧竿指挥的条件反射，可以把数千只鸭控制得井井有条，不致糟蹋庄稼和践踏作物。当鸭群需要转移牧地时，先要把鸭群在田里集中，然后用放牧竿从鸭群中选出10~20只作为头鸭带路，走在最前面，叫作"头竿"，余下的鸭群就会跟着上路。只要头竿、二竿控制得好，头鸭就会将鸭群有秩序地带到放牧场地。

## 二、育成鸭的圈养饲养

育成鸭的整个饲养过程均在鸭舍内进行，称为圈养或关养。圈养鸭不受季节、气候、环境和饲料的影响，能够降低传染病的发病率，还可提高劳动效率。

### （一） 合理分群，掌握适宜密度

1. 分群

合理分群能使鸭群生长发育一致，便于管理。鸭群不宜太大，每群以500只左右为宜。分群时要淘汰病、弱、残鸭，要尽可能做到日龄相同、大小一致、品种一样、性别相同。

2. 保持适宜的饲养密度

分群的同时应注意调整饲养密度，适宜的饲养密度是保证青年鸭健康、生长良好、均匀整齐，为产蛋打下良好基础的重要条件。值得一提的是，在此生长期，羽毛快速生长，特别是翅部的羽轴刚出头时，密度大易相互拥挤，稍一挤碰，就疼痛难受，会引起鸭群践踏，影响生长。这时的鸭很敏感，怕互相撞挤，喜欢疏散。因此，要控制好密度，不能太拥挤。饲养密度会随鸭的品种、周龄、体重大小、季节和气温的不同而变化。冬季气温低时每平方米可以多养2~3只，夏季气温高时可少养 2~3 只。

### (二) 日粮及饲喂

圈养与放牧完全不同, 鸭采食不到鲜活的野生饲料, 必须靠人工饲喂。圈养时要满足青年鸭生长阶段所需要的各种营养物质, 饲料尽可能多样化, 以保持能量与蛋白质的适当比例, 使含硫氨基酸、多种维生素、矿物质都有充足的供给。育成鸭的营养水平宜低不宜高, 饲料宜粗不宜精, 使青年鸭得到充分锻炼, 长好骨架。要根据生长发育的具体情况增减必需的营养物质, 如绍鸭的正常开产日龄是 130~150 日龄, 标准开产体重为 1.4~1.5kg, 如体重超过 1.5kg, 则认为超重, 影响开产, 应轻度限制饲养, 适当多喂些青饲料和粗饲料。对发育差、体重轻的鸭, 要适当提高饲料质量, 每只每天的平均喂料量可掌握在 150g 左右, 另加少量的动物性鲜活饲料, 以促进生长发育。

育成鸭的饲料不宜用玉米、谷、麦等单一的原粮, 最好是粉碎加工后的全价混合粉料, 喂饲前加适量的清水, 拌成湿料生喂, 饮水要充足。动物性饲料应切碎后拌入全价饲料中喂饲, 青绿饲料可以在两次喂饲的间隔投放在运动场, 由鸭自主选择采食。青绿饲料不必切碎, 但要洗干净。每日喂 3~4 次, 每次喂料的间隔时间尽可能相等, 避免采食时饥饱不均。

### (三) 育成鸭管理要点

1. 加强运动

鸭在圈养条件下适当增加运动可以促进育成鸭骨骼和肌肉的发育, 增强体质, 防止过肥。冬季气温过低时每天要定时驱赶鸭在舍内做转圈运动。一般天气, 每天让鸭群在运动场活动两次, 每次 1~1.5h; 鸭舍附近若有放牧的场地, 可以定时进行短距离的放牧活动。每天上、下午各 2 次, 定期驱赶鸭子下水运动 1 次，每次 10~20min。

2. 提高鸭对环境的适应性

在育成鸭时期，利用喂料、喂水、换草等机会，多与鸭群接触。如喂料的时候，人可以站在旁边，观察采食情况，让鸭子在自己的身边走动，遇有"娇鸭"静伏在身旁时，可用手抚摸，久而久之，鸭就不会怕人，也提高了鸭子对环境的适应能力。

3. 控制好光照

舍内通宵点灯，弱光照明。育成鸭培育期，不用强光照明，要求每天标准的光照时间稳定在 8~10h，在开产以前不宜增加。如利用自然光照，以下半年培育的秋鸭最为合适。但是，为了便于鸭子夜间饮水，防止因老鼠或鸟兽走动时惊群，舍内应通宵弱光照明。如 30m$^2$ 的鸭舍，可以安装一盏 15W 灯泡，遇到停电时，应立即点上有玻璃罩的煤油灯（马灯）。长期处于弱光通宵照明的鸭群，一遇突然黑暗的环境，常引起严重惊群，造成很大伤亡。

4. 加强传染病的预防工作

育成鸭时期的主要传染病有两种：一是鸭瘟，一是禽霍乱。免疫程序：60~70 日龄，注射一次禽霍乱菌苗；100 日龄前后，再注射一次禽霍乱菌苗。70~80 日龄，注射一次鸭瘟弱毒疫苗。对于只养一年的蛋鸭，注射一次即可；利用两年以上的蛋鸭，隔一年再预防注射一次。这两种传染病的预防注射，都要在开产以前完成，进入产蛋高峰后，尽可能避免捉鸭打针，以免影响产蛋。以上方法也适用于放牧鸭。

5. 建立一套稳定的作息制度

圈养鸭的生活环境比放牧鸭稳定，要根据鸭子的生活习性，定时作息，制订操作规程。形成作息制度后，尽量保持稳定，不要经常变更。

6. 选择与淘汰

当鸭群达到 16 周龄的时候可以对鸭群进行一次选择，将有严重病、弱、残的个体淘汰，因为这些鸭性成熟晚、产蛋率低、容易死亡或成为鸭群内疾病的传播者。如果是将来作种鸭的，不仅要求选留的个体要健康、体况发育良好，而且体型、羽毛颜色、脚蹼颜色要符合品种或品系标准。

# 第四节 蛋鸭的饲养管理

母鸭从开始产蛋到淘汰（17~72 周龄）称为产蛋鸭。

## 一、产蛋规律

蛋用型鸭开产日龄一般在 21 周左右，28 周龄时产蛋率达90%，产蛋高峰出现较快。产蛋持续时间长，到 60 周龄时才有所下降，72 周龄淘汰时仍可达 75% 左右。蛋用型鸭每年产蛋 220~300 枚。鸭群产蛋时间一般集中在凌晨 2~5 点，白天产蛋很少。

## 二、商品蛋鸭的饲养管理

### （一）饲养

1. 饲料配制

圈养产蛋母鸭，饲料可按下列比例配给：玉米粉 40%、麦粉 25%、糠麸 10%、豆饼 15%、鱼粉 6.2%、骨粉 3.5%、食盐 0.3%，另外，还应补充多种维生素和微量元素添加剂。也可以根据养鸭户的能力和条件做一些替换饲料，如缺少鱼粉，可捕捞小杂鱼、小虾和蜗牛等饲喂，可以生喂，也可以煮熟后拌在饲料中喂。饲料不能拌得太黏，达到不沾嘴的程度就可以。食盆和水槽应放在干燥的地方，每天要刷洗一次。每天要保证供给鸭充足的饮水，同时在圈舍内放一个沙盆，准备足够、干净的沙子，让母鸭随便吃。

2. 饲喂次数及饲养密度

饲养中注意不要让母鸭长得过肥，因为肥鸭产蛋少或不产蛋。但是，也要防止母鸭过瘦，过瘦也不产蛋。每天要定时喂食，母鸭产蛋率不足 30％时，每天应喂料 3 次；产蛋率在30％~50％时，每天应喂料 4 次；产蛋率在 50％以上时，每天喂料 5 次。鸭夜间每次醒来，大多都会去吃料或去喝水。因此，对产蛋母鸭在夜间一定要喂料 1 次。对产蛋的母鸭要尽量少喂或者不喂稻糠、酒糟之类的饲料。在圈舍内饲养母鸭，饲养的数量不能过多，每平方米 6 只较适宜，如有 $30m^2$ 的房子，可以养产蛋鸭 180 只左右。

（二）圈舍的环境控制

圈舍内的温度要求在 10~18℃。0℃以下母鸭的产蛋量就会大量减少，到-4℃时，母鸭就会停止产蛋。当温度上升到28℃以上时，由于气温过热，鸭吃食减少，产蛋也会减少，并会停止产蛋，开始换羽。因此，温度管理的重点是冬天防寒，夏天防暑。在寒冷地区的冬天，产蛋母鸭圈舍内要烧火炉取暖，以提高舍内温度。要给母鸭喝温水，喂温热的料，增加青绿饲料，如白菜等，以保证母鸭的营养需要。另外，要减少母鸭在室外运动场停留的时间。夏季天气炎热时，要将鸭圈的前后窗户打开，降低鸭舍内的温度，同时要保持鸭圈舍内的干燥，不能向地面洒水。

### （三）不同阶段的管理

1. 产蛋初期（开产至 200 日龄）和前期（201～300 日龄）

不断提高饲料质量，增加饲喂次数，每日喂 4 次，每日每只 150g 料。光照逐渐加至 16h。本期内蛋重增加，产蛋率上升，体重要维持开产时的标准，不能降低，也不能增加。要注意蛋鸭初产习性的调教。设置产蛋箱，每天放入新鲜干燥的垫草，并放鸭蛋作"引蛋"，晚上将产蛋箱打开。为防止蛋鸭晚间产蛋时受伤害，舍内应安装低功率节能灯照明。这样经过 10d 左右的调教，绝大多数鸭便去产蛋箱产蛋。

2. 产蛋中期（301～400 日龄）

此期内的鸭群因已进入高峰期而且持续产蛋 100 多天，体力消耗较大，对环境条件的变化敏感，如不精心饲养管理，难以保持高产蛋率，甚至引起换羽停产，因而这也是蛋鸭最难养的阶段。此期内日粮中的粗蛋白质水平比产蛋前期要高，达 20%；并特别注意钙的添加，日粮含钙量过高影响适口性，为此可在粉料中添加 1%～2% 的颗粒状钙，或在舍内单独放置钙盆，让鸭自由采食，并适量喂给青绿饲料或添加多种维生素。光照时间稳定在 16h。

3. 产蛋后期（401～500 日龄）

产蛋率开始下降，这段时间要根据体重与产蛋率来定饲料的质量与数量。如体重减轻，产蛋率 80% 左右，要多加动物性蛋白；如体重增加，发胖，产蛋率还在 80% 左右，要降低饲料中的代谢能或增喂青料，蛋白保持原水平；如产蛋率已下降至 60% 左右，就要降低饲料水平，此时再加好料产蛋量也不能恢复。80% 产蛋率时保持 16h 光照，60% 产蛋率时加到 17h。

4. 休产期的管理

产蛋鸭经过春天和夏天几个月的产蛋后，在伏天开始掉毛换羽。自然换羽时间比较长，一般需要 3~4 个月，这时母鸭就不产蛋了，为了缩短换羽时间，降低喂养成本，让母鸭提早恢复产蛋，可采用人工强制的方法让母鸭换羽。

## 三、种鸭的饲养管理

鸭产蛋留作种用的称种鸭。种鸭与产蛋鸭的饲养管理基本相同，不同的是，养产蛋鸭只是为了得到商品食用蛋，满足市场需要；而养种鸭，则是为了得到高质量的可以孵化后代的种蛋。所以，饲养种鸭要求更高，不但要养好母鸭，还要养好公鸭，才能提高受精率。

（一）选留

留种的公鸭经过育雏、育成期、性成熟初期 3 个阶段的选择，选出的公鸭外貌符合品种要求，生长发育良好，体格强壮，性器官发育健全，第二性征明显，精液品质优良，性欲旺盛，行动矫健灵活。种母鸭要选择羽毛紧密，紧贴身体，行动灵活，觅食能力强；骨骼发育好，体格健壮，眼睛突出有神，嘴长、颈长、身长；体形外貌符合品种（品系）要求的标准。

（二）饲养

有条件的饲养场所饲养的种公鸭要早于母鸭 1~2 月龄，使公鸭在母鸭产蛋前已达到性成熟，这样有利于提高种蛋受精率。育成期公、母鸭分开饲养，一般公鸭采用以放牧为主的饲养方式，让其多采食野生饲料，多活动，多锻炼。饲养上既能保证各器官正常生长发育，又可以防止过肥或过早性成熟。对开始性成熟但未达到配种期的种公鸭，要尽量旱地放牧，少下水，减少公鸭间的相互嬉戏、爬跨，以防形成恶癖。

营养上除按母鸭的产蛋率高低给予必需的营养物质外，还要多喂维生素、青绿饲料。维生素 E 能提高种蛋的受精率和孵化率，饲料中应适当增加，每千克饲料中加 25mg，不低于20mg。生物素、泛酸不仅影响产蛋率，而且对种蛋受精率和孵化率影响也很大。同时，还应注意不能缺乏含色氨酸的蛋白质饲料，色氨酸有助于提高种蛋的受精率和孵化率，饼、粕类饲料中色氨酸含量较高，配制日粮时必须加入一定饼、粕类饲料和鱼粉。种鸭饲料中尽量少用或不用菜籽粕、棉籽粕等含有毒素影响生殖功能的原料。

**（三）公、母的合群与配比**

青年阶段公、母鸭分开饲养。为了使得同群公鸭之间建立稳定的序位关系，减少争斗，使得公、母鸭之间相互熟悉，在鸭群将要达到性成熟前进行合群。合群晚会影响公鸭对母鸭的分配，相互间的争斗和争配对母鸭的产蛋有不利影响。

公、母配比是否合适对种蛋的受精率影响很大。国内蛋用型麻鸭体型小而灵活，性欲旺盛，配种能力强，其公、母配比在春、冬季为 1：18，夏、秋季为 1：20，这样的性比例可以保持高的种蛋受精率；康贝尔鸭公、母配比为 1：（15～18）比较合适。

在繁殖季节，应随时观察鸭群的配种情况，发现种蛋受精率低，要及时查找原因。首先要检查公鸭，发现性器官发育不良、精子畸形等不合格的个体要淘汰，发现伤残的公鸭要及时调出补充。

**（四）提高配种效率**

自然配种的鸭，在水中配种比在陆地上配种的成功率高，其种蛋的受精率也高。种公鸭在每天的清晨和傍晚配种次数最多。因此，天气好应尽量早放鸭出舍，迟关鸭，增加户外活动时间。如果不是建在水库、池塘和河渠附近则种鸭场必须设置水池，最好是流动水，要延长放水时间，增加活动量。若是静水应常更换，保持水清洁不污浊。

**（五）及时收集种蛋**

种蛋清洁与否直接影响孵化率。每天清晨要及时收集种蛋，不让种蛋受潮、受晒、被粪便污染，尽快进行熏蒸消毒。种蛋在垫草上放置的时间越长所受的污染越严重。

收集种蛋时，要仔细地检查垫草下面是否埋有鸭蛋；对于伏卧在垫草上的鸭要赶起来，看其身下是否有鸭蛋。

# 第五节 肉鸭的饲养管理

肉鸭分大型肉鸭和中型肉鸭两类。大型肉鸭又称快大鸭或肉用仔鸭，一般养到50d，体重可达3.0kg左右，中型肉鸭一般饲养65~70d，体重达1.7~2.0kg。

## 一、肉仔鸭的饲料管理

### （一）环境条件及其控制

1. 温度

雏鸭体温调节机能较差，对外界环境条件有一个逐步适应的过程，保持适当的温度是育雏成败的关键。

2. 湿度

若舍内高温低湿会造成干燥的环境，很容易使雏鸭脱水，羽毛发干。但湿度也不能过高，高温高湿易诱发多种疾病，这是养禽最忌讳的环境，也是球虫病暴发的最佳条件。地面垫料平养时特别要防止高湿。因此育雏第1周应该保持稍高的湿度，一般相对湿度为65%，以后随日龄增加，要注意保持鸭舍的干燥。要避免漏水，防止粪便、垫料潮湿。第 2 周湿度控制在 60%，第 3 周以后为 55%。

3. 通风

保温的同时要注意通风，以排除潮气等，其中以排出潮湿气最为重要。良好的通风可以保持舍内空气新鲜，有利于保持鸭体健康、羽毛整洁，夏季通风还有助于降温。开放式育雏时维持舍温 21~25℃，尽量打开通气孔和通风窗，加强通风。

4. 光照

光照可以促进雏鸭的采食和运动，有利于雏鸭健康生长。商品雏鸭 1 周龄要求保持 24h 连续光照，2 周龄要求每天 18h 光照，2 周龄以后每天 12h 光照，至出栏前一直保持这一水平。但光的强度不能过强，白天利用自然光，早、晚提供微弱的灯光，只要能看见采食即可。

5. 密度

密度过大，雏鸭活动不开，采食、饮水困难，空气污浊，不利于雏鸭生长；密度过小使房舍利用率低，多消耗能源，不经济。育雏期饲养密度的大小要根据育雏室的结构和通风条件来定，一般每平方米饲养 1 周龄雏鸭 25 只，2 周龄为 15~20 只，3~4 周龄 8~12 只，每群以 200~250 只为宜。

**（二）雏鸭的饲养管理**

1. 选择

肉用商品雏鸭必须来源于优良的健康母鸭群，种母鸭在产蛋前已经免疫接种过鸭瘟、禽霍乱、病毒性肝炎等疫苗，以保证雏鸭在育雏期不发病。所选购的雏鸭大小基本一致，体重在 55~60g，活泼，无大肚脐、歪头拐脚等，毛色为蜡黄色，太深或太淡均淘汰。

2. 分群

雏鸭群过大不利于管理，环境条件不易控制，易出现惊群或挤压死亡，所以为了提高育雏率，应进行分群管理，每群200~250只。

3. 饮水

水对雏鸭的生长发育至关重要，雏鸭在开食前一定要先饮水。在雏鸭的饮水中加入适量的维生素 C、葡萄糖、抗生素，效果会更好，既增加营养又提高雏鸭的抗病力。提供饮水器数量要充足，不能断水，但也要防止水外溢。

4. 开食

雏鸭出壳12~24h 或雏鸭群中有 1/3 的雏鸭开始寻食时进行第一次投料，饲养肉用雏鸭用全价的小颗粒饲料效果较好，如果没有这样的条件，也可用半生米加蛋黄饲喂，几天后改用营养丰富的全价饲料饲喂。

5. 饲喂方法

第 1 周龄的雏鸭应让其自由采食，保持饲料盘中常有饲料，一次投喂不可太多，防止长时间吃不掉被污染而引起雏鸭生病或者浪费饲料，因此要少喂常添，第 1 周按每只鸭子 35g 饲喂，第 2 周 105g，第 3 周 165g。

6. 预防疾病

肉鸭网上密集化饲养，群体大且集中，易发生疫病。因此，除加强日常的饲养管理外，要特别做好防疫工作。饲养至20 日龄左右，每只肌内注射鸭瘟弱毒疫苗 1ml；30 日龄左右，每只肌肉注射禽霍乱菌苗 2ml，平时可用 0.01%~0.02%的高锰酸钾饮水，效果也很好。

## 二、育肥鸭的饲养管理

肉用仔鸭从 4 周龄到上市这个阶段称为生长育肥期。根据肉用仔鸭的生长发育特点，进行科学的饲养管理，使其在短期内迅速生长，达到上市要求。

### （一）舍饲育肥

育肥鸭舍应选择在有水塘的地方，用砖瓦或竹木建成，舍内光线较暗，但空气流通。育肥时舍内要保持环境安静，适当限制鸭的活动，任其饱食，供水不断，定时放到水塘活动片刻。这样经过 10~15d 肥育饲养，可增重 0.25~0.5kg。

### （二）放牧育肥

南方地区采用较多，与农作物收获季节紧密结合，是一种较为经济的育肥方法。通常一年有三个肥育饲养期，即春花田时期、早稻田时期、晚稻田时期。事先估算这三个时期作物的收获季节，把鸭养到 40~50 日龄，体重达到 2kg 左右，在作物收割时期，体重达 2.5kg 以上，即可出售屠宰。

### （三）填饲育肥

1. 填饲期的饲料调制

肉鸭的填肥主要是用人工强制鸭子吞食大量高能量饲料，使其在短期内快速增重和积聚脂肪。当体重达到 1.5~1.75kg 时开始填肥。前期料中蛋白质含量高，粗纤维也略高；而后期料中粗蛋白质含量低（14%~15%），粗纤维略低，但能量却高于前期料。

2. 填饲量

填喂前，先将填料用水调成干糊状，用手搓成长约 5cm，粗约 1.5cm，重 25g 的剂子。一般每天填喂 4 次，每次填饲量为：第 1 天填 150~160g，第 2~3 天填 175g，第 4~5 天填 200g，第 6~7 天填 225g，第 8~9 天填 275g，第 10~11 天填 325g，第 12~13 天填 400g，第 14 天填 450g，如果鸭的食欲好则可多填，应根据情况灵活掌握。

3. 填饲管理

填喂时动作要轻，每次填喂后适当放水活动，清洁鸭体，帮助消化，促进羽毛的生长；舍内和运动场的地面要平整，防止鸭跌倒受伤；舍内保持干燥，夏天要注意防暑降温，在运动场搭设凉棚遮阴，每天供给清洁的饮水；白天少填晚上多填，可让鸭在运动场上露宿；鸭群的密度为前期每平方米 2.5~3只，后期每平方米 2~2.5 只；始终保持鸭舍环境安静，减少应激，闲人不得入内；一般经过 2 周左右填肥，体重在 2.5kg以上便可出售上市。

# 第三章　鹅的规模化养殖

## 第一节　鹅的生理特点与生活习性

### 一、生理特点

#### （一）鹅的消化生理特点

鹅的消化道发达，喙扁而长，边缘呈锯齿状，能截断青饲料。食管膨大部较宽，富有弹性，肌胃肌肉厚实，肌胃收缩压力强。食量大，每天每只成年鹅可采食青草 2kg 左右。因此，鹅对青饲料的消化能力比其他禽类要强。

#### （二）鹅的生殖生理特点

1. 季节性

鹅繁殖存在明显的季节性，主要产蛋季在冬、春两季。

2. 就巢性

鹅具有很强的就巢性。在一个繁殖周期中，每产一窝蛋后就要停产抱窝。

3. 择偶性

公母鹅有固定配偶交配的习惯。有的鹅群中有 40% 的母鹅和 22% 的公鹅是单配偶。

4. 繁殖时间长

母鹅的产蛋量在开产后的前 3 年逐年提高，到第四年开始下降。种母鹅的经济利用年限可长达 4~5 年之久，公鹅也可利用 3 年以上。因此，为了保证鹅群的高产、稳产，在选留种鹅时要保持适当的年龄结构。

## 二、生活习性

鹅有很多生活习性与鸭相同，如喜水合群、反应灵敏、生活有规律、耐寒等。另外，鹅还有一些特殊的习性。

### （一）食草性

鹅是较大的食草性水禽，肌胃、盲肠发达，能很好地利用草类饲料，因此，能大量食用青绿饲料。

### （二）警觉性

鹅听觉灵敏，警惕性高，遇到陌生人或其他动物，就会高声叫或用喙啄击，用翅扑击，国外有的地方用鹅看家。

### （三）等级性

鹅有等级次序，饲养时应保持鹅群相对稳定，防止因打斗而影响正常生产力的发挥。

## 第二节　雏鹅的饲养管理

0~4 周龄的幼鹅称为雏鹅。该阶段雏鹅体温调节机能差，消化道容积小，消化吸收能力差，抗病能力差等，此期间饲养管理的重点是培育出生长速度快、体质健壮、成活率高的雏鹅。

## 一、选择

雏鹅质量的好坏，直接影响雏鹅的生长发育和成活率。健康的雏鹅体重大小符合本品种要求，绒毛洁净而有光泽，眼睛明亮有神，活泼好动，腹部柔软，抓在手中挣扎有力，叫声响亮。腹部收缩良好，脐部收缩完全，周围无血斑和水肿。雏鹅的绒毛、喙、跖、蹼的颜色等应符合本品种要求，跖和蹼伸展自如、无弯曲。

## 二、饲养

### （一）"潮口"

雏鹅出壳后 12～24h 先饮水，第一次饮水称为"潮口"。多数雏鹅会自动饮水，对个别不会自动饮水的雏鹅要人工调教，把雏鹅放入深度 3cm 的水盆中，可把喙浸入水中，让其喝水，反复几次即可。饮水中加入 0.05%高锰酸钾，可以起到消毒饮水、预防肠道疾病的作用；加入 5%葡萄糖或按比例加入速溶多维，可以迅速恢复雏鹅体力，提高成活率。

### （二）开食

必须遵循"先饮水后开食"的原则。开食时间一般以饮水后 15～30min 为宜。一般用黏性较小的籼米和"夹生饭"作为开食料，最好掺一些切成细丝状的青菜叶、莴苣叶、油菜叶等。第一次喂食不要求雏鹅吃饱，吃到半饱即可，时间为 5～7min。过 2～3h 后，再用同样的方法调教采食。一般从 3 日龄开始，用全价饲料饲喂，并加喂青饲料。为便于采食，粉料可适当加水拌湿。

### （三）饲喂次数及饲喂方法

要饲喂营养丰富、易于消化的全价配合饲料和优质青饲料。饲喂时要先精后青，少吃多餐。

### 三、环境控制

#### （一）温度

雏鹅自身调节体温的能力较差，饲养过程中必须保证均衡的温度。保温期的长短，因品种、气温、日龄和雏鹅的强弱而异，一般需保温2~3周。

#### （二）湿度

地面垫料育雏时，一定要做好垫料的管理工作，防止垫料潮湿、发霉。在高温高湿时，雏鹅体热散发不出去，容易引起"出汗"，食欲减少，抗病力下降；在低温高湿时，雏鹅体热散失加快，容易患感冒等呼吸道疾病和拉稀。

#### （三）通风

夏秋季节，通风换气工作比较容易进行，打开门窗即可完成。冬春季节，通风换气和室内保温容易发生矛盾。在通风前，先使舍温升高2~3℃，然后逐渐打开门窗或换气扇，避免冷空气直接吹到鹅体。通风时间多安排在中午前后，避开早晚时间。

### 四、管理

#### （一）及时分群

雏鹅刚开始饲养，一般每群300~400只。分群时按个体大小、体质强弱来进行。第一次分群在10日龄时进行，每群150~180只；第二次分群在20日龄时进行，每群80~100只；育雏结束时，按公母分栏饲养。在日常管理中，发现残、瘫、过小、瘦弱、食欲不振、行动迟缓者，应早作隔离饲养、治疗或淘汰。

### （二）适时放牧

放牧日龄应根据季节、气候特点而定。夏季，出壳后 5～6d 即可放牧；冬春季节，要推迟到 15～20d 后放牧。刚开始放牧应选择无风晴天的中午，把鹅赶到棚舍附近的草地上进行，时间为 20～30min。以后放牧时间由短到长，牧地由近到远。每天上下午各放牧一次，中午赶回舍中休息。上午放牧要等到露水干后进行，以上午 8：00～10：00 为好；下午要避开烈日暴晒，在 3：00～5：00 进行。

### （三）做好疫病预防工作

雏鹅应隔离饲养，不能与成年鹅和外来人员接触。定期对雏鹅、鹅舍进行消毒。购进的雏鹅，首先要确定种鹅有无用小鹅瘟疫苗免疫，如果种鹅未接种，雏鹅在 3 日龄皮下注射 10 倍稀释的小鹅瘟疫苗 0.2ml，1～2 周后再接种一次；也可不接种疫苗，对刚出壳的雏鹅注射高免血清 0.5ml 或高免蛋黄 1ml。

## 第三节　肉用仔鹅的饲养管理

饲养 90 日龄作为商品肉鹅出售的称为肉用仔鹅。

## 一、饲养

### （一）选择牧地和鹅群规格

选择草场、河滩、湖畔、收割后的麦地、稻田等地放牧。牧地附近要有树林或其他天然屏障，若无树林，应在地势高燥处搭简易凉棚，供鹅遮阴和休息。放牧时确定好放牧路线，鹅群大小以 250～300 只一群为宜，由 2 人管理放牧；若草场面积大，草质好，水源充足，鹅的数量可扩大到 500～1 000 只，需 2~3 人管理。

农谚有"鹅吃露水草，好比草上加麸料"的说法，当鹅尾尖、身体两侧长出毛管，腹部羽毛长满、充盈时，实行早放牧，尽早让鹅吃上露水草。40 日龄后鹅的全身羽毛较丰满，适应性强，可尽量延长放牧时间，做到"早出牧，晚收牧"。出牧与放牧要清点鹅数。

（二）正确补料

若放牧期间能吃饱喝足，可不补料；若肩、腿、背、腹正在脱毛，长出新羽时，应该给予补料。补料量应看草的生长状态与鹅的膘情体况而定，以充分满足鹅的营养需求为前提。每次补料量，小型鹅每天每只补 100~150g，中、大型鹅补 150~250g。补饲一般安排在中午或傍晚。补料调制一般以糠麸为主，掺以甘薯、瘪谷和少量花生饼或豆饼。日粮中还应注意补给 1%~1.5% 骨粉、2% 贝壳粉和 0.3%~0.4% 食盐，以促使骨骼正常生长，防止软脚病和发育不良。一般来说，30~50 日龄时，每昼夜喂 5~6 次，50~80 日龄喂 4~5 次，其中夜间喂 2 次。参考饲料配方如下。

肉鹅育雏期：玉米 50%、鱼粉 8%、麸（糠）皮 40%、生长素 1%、贝壳粉 0.5%、多种维生素 0.5%，然后按精料与青料 1∶8 的比例混合饲喂。

育肥期：玉米 20%、鱼粉 4%、麸（糠）皮 74%、生长素 1%、贝壳粉 0.5%、多种维生素 0.5%，然后按精料与青料 2∶8 的比例混合制成半干湿饲料饲喂。

（三）观察采食情况

凡健康、食欲旺盛的鹅表现动作敏捷抢着吃，不择食，一边采食一边摆脖子往下咽，食管迅速增粗，嘴呷不停地往下点；凡食欲不振者，采食时抬头，东张西望，嘴呷含着料不下咽，头不停地甩动，或动作迟钝，呆立不动，此状况出现可能是有病，要挑出隔离饲养。

## 二、管理

### （一）鹅群训练调教

要本着"人鹅亲和，循序渐进，逐渐巩固，丰富调教内容"的原则进行鹅群调教。训练合群，将小群鹅并在一起喂养，几天后继续扩大群体；训练鹅适应环境、放牧；培育和调教"头鹅"，使其引导、爱护、控制鹅群；放牧鹅的队形为狭长方形，出牧与收牧时驱赶速度要慢；放牧速度要做到空腹快，饱腹慢，草少快，草多慢。

### （二）做好游泳、饮水与洗浴

游泳增加运动量，提高羽毛的防水、防湿能力，防止发生皮肤病和生虱。选水质清洁的河流、湖泊游泳、洗浴，严禁在水质腐败、发臭的池塘里游泳。收牧后进舍前应让鹅在水里洗掉身上污泥，舍外休息、喂料，待毛干后再赶到舍内。凡打过农药的地块必须经过15d后才能放牧。

### （三）搞好防疫卫生

鹅群放牧前必须注射小鹅瘟、副黏病毒病、禽流感、禽霍乱疫苗。定期驱除体内外寄生虫。饲养用具要定期消毒，防止鼠害、兽害。

## 三、育肥

肉鹅经过15~20d育肥之后，膘肥肉嫩，胸肌丰厚，味道鲜美，屠宰率高，产品畅销。生产上常有以下4种育肥方法。

### （一）放牧育肥

当雏鹅养到50~60日龄时，可充分利用农田收割后遗留下来的谷粒、麦粒和草籽来肥育。放牧时，应尽量减少鹅的运动，搭临时鹅棚，鹅群放牧到哪里就在哪里留宿。经 10～15d 的放牧育肥后，就地出售，防止途中掉膘或伤亡。

**（二）棚育肥**

用竹料或木料搭一个棚架，架底离地面 60～70cm，以便于清粪，棚架四周围以竹条。食槽和水槽挂于栏外，鹅在两竹条间伸出头来采食、饮水。育肥期间喂以稻谷、碎米、番薯、玉米、米糠等碳水化合物含量丰富的饲料为主。日喂 3～4 次，最后一次在晚上 10：00 喂饲。

**（三）圈养育肥**

常用竹片（竹围）或高粱秆围成小栏，每栏养鹅 1～3 只，栏的大小不超过鹅的 2 倍，高为 60cm，鹅可在栏内站立，但不能昂头鸣叫，经常鸣叫不利育肥。饲槽和饮水器放在栏外。白天喂 3 次，晚上喂一次。饲料以玉米、糠麸、豆饼和稻谷为主。为了增进鹅的食欲，隔日让鹅下池塘水浴一次，每次 10～20min，浴后在运动场日光浴，梳理羽毛，最后赶鹅进舍休息。

**（四）填饲育肥**

即"填鹅"，是将配制好的饲料填条，一条一条地塞进食管里强制鹅吞下去，再加上安静的环境，活动减少，鹅就会逐渐肥胖起来，肌肉丰满、鲜嫩。此法可缩短育肥期，肥育效果好，主要用于肥肝鹅生产。

# 第四章　家兔的规模化养殖

## 第一节　家兔的品种

### 一、毛用兔——安哥拉兔

安哥拉兔在我国又称长毛兔。安哥拉兔传入英、法、德、日和中国后，经过培育分别形成了具有各自特点的品系，毛色有白、灰、蓝和黑等，其中以白色最为普遍。

#### （一）德系安哥拉兔

该兔是安哥拉兔中产毛性能较为优良的一个类群。其主要特点是：体型较大，成年兔体重 3.5~4.5kg，重的可达 5.5kg。该兔属细毛型长毛兔，被毛密度大，有毛丛结构，不易缠结，产毛量高，据德国权威部门测定的数据，1992 年年产毛量母兔为 1 498g，公兔 1 254g。在我国饲养条件下，成家兔年产毛量一般 800~1 000g。

#### （二）中系安哥拉兔

俗称"全耳毛兔"。该兔的主要特点可用九个字来概括："全耳毛，狮子头，老虎爪。"其产仔力强，每窝产仔 7.5 只，高的可达 11 只，90 日龄体重 1.76kg，成年兔体重仅 2.0~3.0kg。成年兔年产毛量仅 370g 左右，高的可达 500g 左右。该兔耐粗饲，适应性强，但体型小，生长慢，兔毛中粗毛含量低，产毛量低。

### （三）英系安哥拉兔

该兔被毛蓬松似雪球，毛长时以背脊为界自然分开向两边披下，头较圆，鼻端缩入；耳短而薄，耳尖有长毛；额毛、颊毛、四肢及趾间毛也较长。绒毛纤细柔软，粗毛含量少，年产毛量约250g。体型小，成年兔体重2.5~3.0kg。体质较弱，抗病能力也较低。

### （四）法系安哥拉兔

该系兔体型较英系的长而大。头部稍尖些，面长鼻高，额颊部及四肢的毛均为短毛。耳长且宽厚，无长毛，俗称"光板"，这是区别于英系安哥拉兔的主要特征之一。该兔的繁殖力高，母兔泌乳性能好，适应性和抗病力较强。经产母兔每窝产仔4~9只，90日龄体重1.9kg，成年兔体重3.75kg。年产毛量470g左右。

## 二、肉用兔

### （一）中国家兔

又称菜兔，是我国人民长期选育而成的一个优良品种。该兔体型较小，被毛以白色为主，也有黑、灰、麻、棕色等，毛短而紧密，头小清秀，耳短小直立，白兔红眼，杂色兔眼为黑褐色，嘴稍尖，颈短，全身结构紧凑而匀称。成年兔体重1.8~2.3kg。繁殖力高，年产5~6窝，每窝产仔8~10只。抗病力强，耐粗饲。主要缺点是体型小，生长缓慢，产肉性能差，皮张面积小。

### （二）比利时兔

耳尖带有光亮的黑毛边和尾部内侧为黑色是该兔的主要特征。该兔被毛为深褐、赤褐或浅褐色，体躯下部毛色灰白，尾内侧呈黑色，外侧灰白色，眼睛黑色。两耳宽大直立，稍向两侧倾斜。头粗大，体躯较长，四肢粗壮，后躯发育良好。该兔属于大型肉兔，具有生长快、耐粗饲、适应性广、抗病力强等特点。成年兔体重 5.5~6.0kg。繁殖力强，每窝产仔 7~8 只。

### （三）公羊兔

该兔的特点是头型似公羊，耳大下垂，故又称垂耳兔，有英系和法系两个品系。我国饲养较多的是土褐色法系公羊兔。体重较大，成年兔体重 6.0~8.0kg。每窝产仔 5~8 只，公羊兔抗病力强，耐粗饲，易于饲养。其缺点是受胎率低，哺育力差。

### （四）德国花巨兔

该兔是德国著名的大型肉用兔。体躯较大，略呈弓形，腹部离地面较高。毛色为白底黑花，背部有一条黑色背线，黑嘴环、黑眼圈、黑鼻头。成年兔体：重 5.0~6.0kg。每窝产仔 10~11 只，最高可达 17~19 只，但哺育力差。

### （五）加利福尼亚兔

该兔育成于美国的加利福尼亚，体躯被毛白色，耳、鼻端、四肢下部和尾部为黑褐色，故俗称"八点黑"。这是本品种的明显标志，这一特征要在第一次换毛后才明显地表现出来。加利福尼亚兔适应性强，早期生长发育快，成年兔体重 3~4kg，繁殖性能好，每窝产仔 7~8 只，哺乳力强，同窝仔兔生长发育整齐，成活率高。商品生产中常作母本，与其他品种进行杂交。

### （六）新西兰兔

原产于美国，被毛可分为红色、白色、黑色 3 种。我国引进的多为白色新西兰兔。该兔体型中等，臀圆，体躯丰满，背腰平宽，后躯发育良好。头宽圆而短粗，耳小、宽厚而直立，母兔颌下有肉有髯。早期生长发育快，饲料利用率高，肉质细嫩。成年兔体重 3.5~4.5kg，每窝产仔 7~9 只。被毛品质略逊于其他白色品种兔。

### 三、皮肉兼用兔

#### （一）喜马拉雅兔

该兔分布于喜马拉雅山脉南北两麓，我国是主要产地。其体型紧凑，眼淡红色，被毛白色，短密柔软。耳尖、鼻端、四肢下部及尾部为纯黑色。体型中等，体质强健，耐粗饲，抗病力强。繁殖力强，平均每窝产仔 8~13 只，成年兔体重 2.7~3.1kg。

#### （二）青紫蓝兔

该兔是法国育成的一个优良的皮肉兼用品种。被毛呈灰蓝色，并夹杂有全黑和全白色的粗毛，绒毛基部呈深灰色，中段为灰白色，毛尖呈黑色，吹开被毛呈彩色轮状旋涡，非常美观。耳尖及尾背面呈黑色，眼圈、尾底面及腹部呈灰白色。青紫蓝兔有三个不同的类型，即标准型、美国型和巨型。青紫蓝兔体质健壮，适应性强，性情温驯，生长快，繁殖力和泌乳力都较好，深受养兔者欢迎。

#### （三）日本大耳白兔

原产于日本，是用中国白兔与日本兔杂交培育而成的。被毛全白，眼睛红色。两耳大而薄，直立，耳根细，耳端尖，形似柳叶。母兔颌下有肉髯。体型中等偏大，成年兔体重 4~5kg。繁殖力强，每胎产仔 7~9 只，母性好，哺育力强，常用做"保姆兔"。由于耳大血管明显，是较为理想的实验用兔。主要缺点是骨架较大，净肉率较低。

### （四）哈白兔

该兔是中国农业科学院哈尔滨兽医研究所利用比利时兔、德国花巨兔、日本大耳白兔和当地白兔通过复杂杂交培育而成，属于大型皮肉兼用兔。该兔被毛白色，毛纤维比较粗长，眼睛红色，大而有神，头大小适中，耳大直立，四肢健壮，结构匀称。体型较大，成年兔体重 5kg 以上，适应性强，耐粗饲。每窝产仔 8 只左右。

### （五）塞北兔

该兔是由张家口农业专科学校利用法系公羊兔和弗朗德巨兔杂交培育出来的大型皮肉兼用型品种。毛色以黄褐色为主，还有纯白色和少量米黄色。一耳直立一耳下垂，故称斜耳兔。头略粗而方，鼻梁上有黑色山峰线，颈粗短，头颈与前躯衔接良好，体躯匀称，发育良好，体重较大，外形介于公羊兔和比利时兔之间。生长快，成年兔体重 5.0~6.5kg。繁殖力强，窝产仔 7~8 只，多者可达 15~16 只。抗病力强，在同样饲养条件下，发病率较其他品种低，成活率高，适应性强，耐粗饲。

## 四、皮用兔——獭兔

獭兔又叫力克斯兔，是一种优良的皮用兔。其被毛可用"短、细、密、平、美、牢"六字来概括。"短"指毛纤维极短，长度仅 1.3~2.2cm，其中以 1.6cm 最理想。"细"指毛纤维直径小，粗枪毛含量少。"密"指毛纤维密度大，毛被手感丰满柔软。"平"指毛纤维长短一致，整齐均匀，表面十分平整，饯毛和绒毛一样长。"美"指獭兔毛色类型很多，毛色纯正，色泽光润，柔软而富有弹性。"牢"指毛纤维与皮板的结合良好，绒毛不易脱落。獭兔体型中等，成年兔体重 3.0~3.5kg，每年可繁殖 4~5 胎，每胎产仔 6~8 只，最多可达 16

只。商品獭兔在 5~6 月龄、体重 2.75~3.0kg 宰杀，毛皮质量最好，产肉率较高。该兔不适宜粗放管理，对疾病的抵抗力较弱，特别易感染巴氏杆菌病、球虫病和疥癣病，也易患脚皮炎。

# 第二节　家兔的饲养管理

## 一、种公兔的饲养管理

### （一）种公兔的饲养

根据公兔不同生理时期的营养需要，配合全价日粮。在配种期到来 20d 前，应调整日粮配合比例，使蛋白质水平提高到 14%~15%，同时提供优质的青绿饲料。冬季青绿饲料缺乏，可提供一定的胡萝卜、大麦芽等。配种旺季，适当增加精料的喂量，补充少量的动物性饲料，如鱼粉、鸡蛋等。还应注意补充矿物质饲料，按饲养标准提供适量的钙、磷和食盐。

饲养过程中还应注意，勿使种公兔过肥或过瘦，如果喂给过多的碳水化合物或脂肪性饲料，又缺乏运动，可使种公兔过肥，失去配种能力；如果配种强度过大，而营养又供应不足，会使公兔消瘦而无力配种。

### （二）种公兔的管理

种公兔必须单笼饲养，与母兔的笼具还要保持一定距离，减少异性刺激，以免配种时性欲降低。安排配种强度要合理，公母兔比例，人工辅助交配以 1：10 左右为宜；如采用人工授精，可提高到 1：100~1：150。青年公兔每天配种 1 次，连续配种 2d 休息 1d；成年公兔每天可配种 2 次，应安排在上下午各 1 次，连配 2d 后应休息 1d。做到"四不配"：喂料前后半小时之内不配；种公兔换毛期间不配；种公兔健康状况欠佳时不配；天热没有降温设施不配。

## 二、种母兔的饲养管理

根据种母兔的生理状况可分为空怀、妊娠、哺乳 3 个阶段。这 3 个阶段的生理状况有着明显的不同，因此，在饲养管理上应根据各阶段的特点采用相应的措施。

### （一）空怀兔的饲养管理

空怀母兔是指仔兔断乳到再次配种妊娠这段时间的母兔。饲养的目的是恢复母兔的膘情和体质，为配种繁殖做好准备。但不能使母兔过肥，否则不易受胎。由此可见，控制空怀母兔的体况很重要，过肥过瘦均应及时调整日粮，过肥的母兔要减少精料用量，并加强运动，而对过瘦的母兔应加强营养，以恢复体力，促进发情，提高受胎率。

在管理上要给母兔创造适宜的环境条件，如温、湿度要合适，保证光照时间在 16h 以上。对长期不发情的母兔要改善饲养管理条件，加喂胡萝卜、大麦芽和优质青绿饲料或采取人工催情技术。为了提高笼具的利用率，母兔在空怀期可实行群养或 2~3 只母兔在一个笼内饲养。但平时必须注意观察其发情表现，掌握好发情征候，做到适时配种。

### （二）妊娠母兔的饲养管理

妊娠期又称怀孕期，是指母兔从配种受胎到分挽这一时期，其饲养管理重点是提供全价营养，防止流产和做好产前的准备工作。

在实际生产中，一般将母兔妊娠期分两个阶段，即妊娠前期（1~15d）和妊娠后期（16d 至分娩）。前期胎儿处于发育阶段，主要是各种组织器官的形成阶段，绝对增长较少，仅占整个胚胎期的 1/10 左右，对营养物质数量的要求不高，但应注意饲料的质量。一般按空怀母兔的营养水平供给即可。15d 后应逐渐增加精料喂量。从妊娠 19d 到分娩这段时间，胎儿处于快速生长发育阶段，增重加快，精料应增加到空怀母兔的 1.5 倍。同时要特别注意蛋白质、矿物质饲料的供给。矿物质缺乏时，易造成母兔产后瘫痪。临产前 3~4d 要减少精料喂量，以优质青、粗饲料和多汁饲料为主，以免造成母兔便秘和死亡，或难产及产后患乳房炎。母兔分娩 2~3d 后要逐渐将精料增加到哺乳期的标准和饲喂量。

在管理上，要着重做好护理保胎工作，防止流产。母兔流产多发在怀孕后 12~25d。引起母兔流产的原因有营养性、机械性和疾病性三种。营养性流产多因营养不全，或突然改变饲料，或饲喂发霉变质饲料等引起。机械性流产多因捕捉、惊吓、挤压、摸胎方法不当等引起。疾病性流产多因巴氏杆菌病、沙门菌病、密螺旋体病及其他生殖器官疾病等引起。为防止母兔流产，妊娠母兔必须单笼饲养，以防止挤压；不要无故捕捉、训斥、惊吓母兔；摸胎捕捉母兔时动作要轻，切忌粗鲁；保持环境安静和卫生；饲料要清洁、新鲜，不应任意更换。

做好产前准备工作，产前 3~4d 准备好产仔箱，清洗消毒后铺一层晒干且柔软的干草或树叶，不要放粗硬的垫草及带线头的棉絮，以防伤害仔兔。产前 1~2d 将产仔箱放入兔笼内供母兔拉毛筑巢。对于不拉毛的母兔可实行人工辅助拉毛。

产后护理的主要工作是：产后母兔应立即供给饮水，最好是饮用红糖水、小米粥等。冬季要饮用温水。刚产下的仔兔要清点数量，挑出死亡兔和湿污毛及垫草等，并做好记录。

**（三）哺乳母兔的饲养管理**

母兔从分娩到断奶这一阶段为哺乳期。一般为 28~45d。

在此阶段，以保证母兔健康、提高泌乳量、保证仔兔正常生长发育、少得病、增重快、成活率高为饲养管理的目标。

母兔分娩后 1～2d 内，消化道处于复位时期，食欲不振，体质虚弱，消化力低。一般应多喂些鲜嫩青绿多汁饲料，少喂精料。3d 后体质已开始恢复，仔兔的哺乳量也随之增.加，可适当增加精料喂量，但此时母兔的消化机能尚未完全恢复，精料量过多会带来消化不良，同时奶水过多，新生仔兔吃不完，易引起乳房炎。1 周后恢复正常量，精料量达到 150～200g。同时提供充足的清洁饮水。

在管理上，要注意笼舍的清洁卫生，保持干燥。特别是产仔箱不清洁或有异味，有可能使母兔产生扒窝现象，扒死仔兔，有的甚至咬死仔兔。遇有这种情况，应将仔兔取出，清理产仔箱，重新换上垫草垫料。母兔临产前拉去腹毛营巢，并可刺激泌乳，如果母兔产后还没有拉毛，应人工辅助拉毛。乳房炎是哺乳母兔常见病，发生乳房炎的原因，除因饲料变质、奶水过多以外，还与乳房机械损伤有关，如乳头被仔兔咬破或产仔箱、兔笼锋利物划伤等引起乳房炎。患有乳房炎的母兔不再哺乳，应及早发现及早治疗，治愈后让其哺乳。

### 三、仔兔的饲养管理

从出生到断乳这个时期的小兔称为仔兔。仔兔从胎儿期转为独立生活，在营养供给方式和生活环境等方面都发生了很大变化，如果不很好地护理就很容易死亡。

#### （一）睡眠期

仔兔从出生至 12 日龄左右，全身无毛，耳孔闭塞，眼睛紧闭，除了吃奶就是睡觉，因此称为睡眠期。这一时期的工作重点是抓早吃奶、吃足奶；认真管理，做好保温防寒工作，防止缠结和吊乳。

　　仔兔生长发育快，应使仔兔在生后 5h 之内吃上奶。初生几天应经常检查仔兔吃奶情况，对于不会吃奶的仔兔和不哺乳的母兔，特别是初产母兔，应及时查明原因，用人工方法强制哺乳。对产仔太多，或母兔奶水太少、超过母兔哺育能力的，应实行寄养办法将仔兔寄养。寄养时，选择健康、奶水多、产仔少和分娩时间相近的母兔为寄母兔，在需要寄养的仔兔身上涂上寄母兔奶水，或将需寄养的仔兔与所寄窝仔兔同放入一个窝内任其密切接触，数小时后再让其寄母兔哺乳，这样寄母兔嗅不出异味，便于寄养成功。

　　仔兔初生时全身无毛，生后 4～5d 才开始长出茸茸细毛，这个时期仔兔对外界环境抵抗力低，因此，冬、春寒冷季节要防冻。由于家兔用毛铺盖巢穴，加上仔兔经常钻动，颈部和四肢往往会被长毛缠绕，轻则形成肿胀或致残，重者可窒息死亡。因此，生产中应加强管理，防止造成损失。

　　母兔将仔兔带出巢外的现象称为吊乳。吊乳是养兔生产中经常出现的问题，也是造成仔兔早期死亡的主要原因之一。其原因多是因母乳不足，仔兔吃不饱，较长时间吸住乳头不撒嘴，母兔离巢时就会将仔兔带出巢外，或是当母兔正在哺乳时，受到突然的惊吓而惊慌离巢，将仔兔带出巢外。吊乳的仔兔很容易被冻死、饿死和踩死，或落入踏板的漏缝中被卡死。因此，在日常管理中要特别细心，经常检查，发现后应及时将仔兔送回巢内或采取温水中增温抢救措施。

　　发现吊乳后必须查明原因，及时采取措施，如果是母乳不足引起的吊乳，应调节母兔日粮或进行催乳；对因母兔患乳房炎引起乳汁不足而吊乳的，应进行治疗；如因管理不当使母兔受惊离巢而引起吊乳的，应加强管理，为其创造一个安静的环境。

### （二）开眼期

仔兔从开眼到断奶这一时期称开眼期，这是养好仔兔的第二个关键时期。这个时期的工作重点是抓好仔兔的补料，并适时断奶。

仔兔 10~12 日龄开眼，如果至 14 日龄还未开眼，说明仔兔发育欠佳，应用人工方法轻轻拨弄仔兔眼睛使其眼睛目争开。仔兔开眼后即活跃起来，由巢箱跳出跳进。数日后即跟随母兔试吃饲料。此时仔兔生长发育更快，而母乳分泌量逐渐达到高峰，再度发情，泌乳又将逐渐减少，但仔兔营养需要越来越多，光靠母乳已经不能满足仔兔的需要。因此，无论从仔兔的生长发育需要，还是从母兔泌乳特点来看，都应该在母兔泌乳高峰到来之前给仔兔补饲。仔兔到 16~18 日龄，就可喂给少量营养丰富而容易消化的饲料，如豆浆、豆渣及鲜嫩青绿饲料。22~26 日龄，饲料中可少加些矿物质饲料，此时仔兔仍以吃奶为主、吃料为辅，30 日龄以后则逐渐转为以吃料为主、吃奶为辅。

给仔兔补料的方法一般有两种：一是单间补饲法，即仔兔开眼后与母兔分开饲养，在大兔笼内设置一个隔离网，在网的底部留出一个可开启的闸门，将仔兔放在小间里，与母兔只有一网之隔，互相能看到、听到、闻到，但平时不能接触。每天定时打开小门让母兔哺乳，哺乳结束后再将它们分离。在仔兔间设置专用补料槽，每天定时补料。采用这种方法一方面减少了仔兔与母兔的接触，相应减少了感染一些疾病（如球虫病、肠炎等）的机会；另一方面减少了仔兔追乳时间，使母兔能充分休息和恢复体力。还减少了母子争食现象，有利于仔兔的生长发育。二是适用于大型兔场的随母补食法，即母子同槽吃料。采用这种方法要求母兔笼的饲槽要有一定数量的采食口或采食口要有一定的宽度，要投喂营养价值较高的统一饲料。否则，料槽的采食口不足，仔兔得不到应有的采食位置，或一个仔兔进入料槽而影响所有的仔兔采食，对母兔和仔兔均不利。

开始补料时要少喂勤添，每天投料 6 次，每只每日 3~4g，以后逐渐增加投料量，这时每天投料 5 次，每日每兔投料 40~50g。

在低水平饲养条件下，断奶时间为 35~40 日龄；在集约化、半集约化条件下，断奶时间为 28~35 日龄。我国仔兔断奶大多在 35~40 日龄，这时仔兔体重为 500~600g。断奶时间和方法对仔兔以后的生长影响很大，如不采取特殊措施，断奶时间愈早，死亡率愈高。但断奶时间过迟又会影响母兔下一个繁殖周期。

断奶方法有一次法和分次法。同窝仔兔大小均匀时，可采用一次法断奶。仔兔大小不均时，采用分次法断奶，要先断大的，后断小的。断奶时只移走母兔，将仔兔留在原笼中。尽量做到饲料、环境、管理人员三不变，以防发生各种不利的应激因素，导致疾病的发生。

## 四、幼兔的饲养管理

从断奶到 90 日龄的小兔称为幼兔。仔兔断奶后开始独立生活，环境条件发生了很大变化，如果饲养管理不当，仍可影响其成活率和生长发育。刚断奶的幼兔，在饲养、环境、管理等方面与断奶前保持不变。断奶时，隔开母兔让仔兔仍留在原来的兔笼内，以减少仔兔对新环境的应激反应。

在饲养方面，对刚断奶的幼兔仍喂给断奶前的饲料，要求饲料容积小、营养好且易消化。随着年龄的增长而逐渐改变饲料，但不要突然变更，数量以吃饱为宜，防止贪食而引起消化道疾病。选做种用的后备兔，还要防止过肥。

在管理方面，仔兔断奶后经过短时间的适应转入幼兔群，分群时按窝分成小群或按日龄、强弱和大小分开饲养，每小群4~5只为宜。幼兔阶段是易发病的时期，特别是球虫病发病率和死亡率都很高，是对幼兔威胁最大的疾病。为了预防球虫病可全群投喂抗球虫药物。同时要保持笼舍卫生、干燥。毛用兔2月龄第一次剪毛，以促进新陈代谢和毛囊的生长发育。剪毛后的幼兔，要加强管理，特别要注意防冻。

有条件的地方要让幼兔多运动，多晒太阳，增强体质。夏季运动要注意遮阳，冬季要防冻。运动场要有喂料和饮水的地方。

种兔场在断奶后即进行发育鉴定，并选留出后备兔。

### 五、育成兔的饲养管理

3月龄到初配期这一时期的兔称为育成兔，也叫青年兔、中兔或后备兔。这一时期的兔生长发育最快，消化系统得到进一步锻炼，吃得多，生长快，特别是骨骼生长更快，必须保证各种营养物质的供给，尤其要注意矿物质的补充，适当增加青粗饲料的喂量，但饲料体积不宜过大。

3月龄以后的兔逐渐达到性成熟，进入初情期，为防止早配乱配，公、母兔要分开，小群饲养，每小群2~3只，有条件的可一兔一笼，防止斗殴。初配前进一步做发育鉴定，经鉴定合格的进入繁殖群，不合种用的划入生产群，进行肥育。

### 六、家兔的肥育

肥育是肉用或皮肉兼用兔用于兔肉生产的最后环节，目的是生产大量的优质兔肉。肥育期间，家兔一方面增加营养的蓄积，另一方面减少养分的消耗，使家兔除维持生命活动所需热能外，还有大量的养分蓄积在体内，形成肌肉和脂肪。因此，肥育家兔必须以精料为主，利用大量的能量饲料，在肥育兔消化吸收的能力范围内，充分供给饲料。但要逐渐变换饲料，而且要少给勤添，保持家兔良好的食欲。一般需经过 10～15d 的过渡阶段，再正式肥育。肥育时间一般以 15～45d 为宜。

在肥育期间要限制家兔运动，可将其置于温暖、黑暗的环境里，以促进脂肪的沉积。当肥育到一定时间，采食量忽然减少，表明肥育已成，应立即屠宰。

供肥育用的公、母兔，最好进行去势，这样效果可能更好，肉的品质也有所改善。

# 第五章　猪的规模化养殖

## 第一节　猪的品种

### 一、猪的经济类型

根据猪生产肉脂性能和体型结构的特点，分为瘦肉型、脂肪型和兼用型 3 种经济类型。

#### (一) 瘦肉型

胴体瘦肉多，瘦肉率在 56% 以上，背膘厚 3cm 以下（含 3cm），体型结构为头部小，体躯长，体长大于胸围 15cm 以上，背平直或略弓，腹部平直，臀部丰满。生长速度快。

#### (二) 脂肪型

胴体脂肪多，瘦肉少，瘦肉率在 45% 以下，背膘厚 4～6cm，体型结构为头颈较重、垂肉多，体型矮小，体长和胸围大致相等；体躯宽深而短，腹大下垂。

#### (三) 兼用型

胴体瘦肉率与体形结构介于瘦肉型与脂肪型之间，如我国的培育猪种。

## 二、猪的品种

### (一) 地方品种

指在某个地区长期饲养形成的品种。我国幅员辽阔，地方品种众多，据 1986 年出版的《中国猪品种志》记载，我国猪地方品种分为华北型、华南型、华中型、高原型、江海型和西南型六大类型，48 个品种。这些品种具有性情温驯，性成熟早，母猪发情明显、产仔多、母性好、繁殖力强；肉质好、肌间脂肪多、肉质细嫩、口感嫩滑，肉味香浓；适应性强、耐粗饲等优点，但也存在体格小、生长速度慢、后腿不丰满、饲料利用率和胴体瘦肉率低等不足。

1. 民猪

原产于东北和华北部分地区。广泛分布于辽宁、吉林和黑龙江等省。头中等大，面直长，耳大下垂。体躯扁平，背腰窄狭，臀部倾斜。四肢粗壮。全身被毛黑色，毛密而长，猪鬃较多，冬季密生绒毛。成年公猪重 195kg，成年母猪体重 151kg。乳头 7~8 对，产仔数 11~13 头。

2. 槐猪

产于上杭、漳平、平和。分布于龙岩的上杭、漳平、永定，三明的大田，漳州的平和、长泰、华安、南靖，泉州的安溪、德化、永春等十多个市、县。头短宽，额部有明显的横行皱纹，耳小竖立，稍向前倾或向侧稍倾垂。体躯短，胸宽而深，背宽而凹，腹大下垂，臀部丰满。多卧系。尾根粗大，全身被毛黑色。成年公猪平均体重 62.29kg，成年母猪平均体重 65.17kg。乳头 5~6 对，经产母猪平均产活仔数 9 头。

3. 两广小花猪

由陆川猪、福绵猪、公馆猪和广东小耳花猪归并，1982

年起统称两广小花猪。中心产区在陆川、玉林、合浦、高州、化州、吴川、郁南等地，分布于广东省和广西壮族自治区相邻的浔江、西江流域的南部。体型较小，具有头短、颈短、耳短、身短、脚短和尾短的特点。故有"六短猪"之称。额较宽，有"〈〉"形或菱形皱纹，中间有白斑三角星，耳小向外平伸。背腰宽广凹下，腹大拖地，体长和胸围几乎相等。被毛稀疏，毛色为黑白色。成年公猪体重 130kg，成年母猪体重 112kg。乳头 6~7 对，平均产仔 8.2 头。

4. 金华猪

原产于浙江省金华地区东阳县的划水、湖溪，义乌县的上溪、东河、下沿，金华县城孝顺、曹宅等地。主要分布于东阳、浦江、义乌、金华、永康、武义等县。体型中等偏小。耳中等大，下垂不超过口角，额有皱纹。颈粗短，背微凹，腹大微下垂，臀较倾斜。四肢细短。皮薄、毛疏、骨细。又称"两头乌"或"金华两头乌"猪。

成年公猪体重 111kg，成年母猪体重 97kg。乳头数多为 7~8 对，平均产仔数 13.78 头。

5. 太湖猪

由二花脸、梅山猪、枫泾猪、嘉兴黑猪、横泾猪、米猪、沙头乌等猪种归并，1974 年起统称"太湖猪"。主要分布于长江下游，江苏、浙江省和上海市交界的太湖流域。头大额宽，额部皱褶多、深，耳特大，软而下垂，耳尖齐或超过嘴角。全身被毛黑色或青灰色，毛稀疏，毛丛密，毛丛间距离大，腹部皮肤多呈紫红色，梅山猪的四肢末端为白色，俗称"四白脚"。成年公猪体重 192kg，成年母猪体重 172kg。乳头数多为 8~9 对，是全国已知猪品种中产仔数最高的一个品种，母猪头胎产仔 12 头，二胎 14.48 头，三胎及三胎以上 15.83 头。

6. 内江猪

主要产于四川省的内江市和内江县，以内江市东兴镇一带为中心产区。体型大，体质疏松。头大，嘴筒短，额面横纹深陷成沟，额皮中部隆起成块，俗称"盖碗"。耳中等大、下垂。体躯宽深，背腰微凹，腹大不拖地，臀宽稍后倾，四肢较粗壮。皮厚，被毛全黑，鬃毛粗长。成年公猪体重 170kg，成年母猪体重 86kg。乳头粗大，一般 6~7 对，产仔数中等，约产仔 9 头。

7. 藏猪

产于我国青藏高原的广大地区。主要分布于西藏自治区的山南、昌都地区、拉萨市和四川省的阿坝、甘孜，云南省的迪庆和甘肃省的甘南藏族自治州等地。体小。嘴筒长、直、呈锥形，额面窄，额部皱纹少，耳小直立或向两侧平伸，转动灵活。体躯较短，胸较狭，背腰平直或微弓，腹线较平，后躯较前躯高，臀部倾斜。四肢结实紧凑，蹄质坚实、直立。鬃毛长而密。被毛多为黑色。成年种猪的体重、体尺在不同产区存在一定差异，以云南省的藏猪体型较大。公猪达到 42kg，母猪达 80kg。乳头以 5 对居多，产仔 4.76 头。

8. 其他地方优良品种

我国其他地方品种的产地分布及外貌特征、生产性能见表5-1。

## 表 5-1　其他地方优良品种猪

| 品种 | 产地及分布 | 外貌特征 | 生产性能 |
|---|---|---|---|
| 八眉猪 | 中心产区为陕西泾河流域、甘肃陇东和宁夏的固原地区。主要分布于陕西、甘肃、宁夏、青海等省、自治区，新疆和内蒙古亦有少量分布。又称泾川猪或西猪 | 头较狭长，耳大下垂，额有纵行"八"字皱纹，故名八眉。被毛黑色。按体型外貌和生产特点可分为大八眉、二八眉和小伙猪三大类型 | 八眉猪生长发育较慢，且公猪比母猪更慢些，公猪 8 月龄体重仅 33.17kg，母猪为 47.46kg。公猪性成熟较早，30 日龄左右时即有性行为。在较好的饲养条件下，公猪于 10 月龄、体重达 40kg 左右时开始配种，母猪于 3~4 月龄（平均 116d）开始发情。经产母猪平均产仔数 12.65 头 |
| 闽北花猪 | 主产于沙县、顺昌、南平建阳、尤溪、三明、永安、建瓯等县、市。广泛分布于沙溪、富屯溪、建溪、尤溪两岸 | 头中等大额有深浅和形状不一的皱纹，耳前倾下垂，颈短厚。背腰宽、且多凹陷，腹大下垂，臀宽而稍倾斜。毛细稀短，毛色黑白花，黑白程度不一 | 成年公猪体重 78.1kg，母猪 83.9kg。母猪初次发情在 4 月龄，一般在 8 月龄、体重40kg 以上时配种。初产豚猪平均产仔 7.5 头、经产母猪平均产仔数 8.34 头 |
| 荣昌猪 | 产于重庆市荣昌县和四川省和隆昌县，主要分布在永川、泸县、泸州、合江、纳溪、大足、铜梁、江津、璧山、宜宾及重庆等十余个市县 | 被毛除两眼四周或头部有大小不等的黑斑外，均为白色，也有少数在尾根及体躯出现黑斑或全白的。体型较大。头大小适中，面微凹，耳中等大、下垂。额面皱纹横行、有漩毛。体躯较长，发育匀称，背腰微凹，腹大而深，臀部稍倾斜，四肢细致、结实 | 成年公猪体重 98.13kg，成年母猪体重 86.77kg 左右。4 月龄达性成熟期，5~6 月龄时可用于配种。三胎及三胎以上母猪平均产仔 10.21 头 |

（续表）

| 品种 | 产地及分布 | 外貌特征 | 生产性能 |
|---|---|---|---|
| 宁乡猪 | 原产于湖南宁乡县的草冲和流沙河一带，原称草冲猪或流沙河猪。分布于与宁乡县毗邻的益阳、安化、涟源、湘乡等县以及怀化、邵阳两地区 | 毛色为黑白花。体型中等。头中等大小，额部有形状和大小不一的横行皱纹，耳较小、下垂，颈短粗，有垂肉。背腰宽，背多凹陷，肋骨拱曲，腹大下垂，臀部微倾斜。四肢较短，大腿欠丰满，多卧系，撇蹄，群众称之为"猴子脚板"。多数猪后脚较弱而弯曲，飞节内靠。尾尖、尾帚扁平。毛粗短而稀。根据头型分为：狮子头、福字头和阉鸡头 | 成年公猪体重87.22kg，母猪92.66kg。母猪初次发情在129.5d，一般在64～177日龄，体重35kg，即第三次发情时初次配种。平均产仔数10.12头 |
| 香猪 | 中心产区在贵州从江县的宰便、加鸠两区，主要分布在黔、桂接壤的榕江、荔波、融水等县北部，以及雷山、丹寨县等地 | 体躯矮小。头较直，额部皱纹浅而少，耳较小而薄，略向两侧平伸或稍下垂。背腰宽而微凹，腹大丰圆触地，后躯较丰满。四肢短细，后肢多卧系。皮薄肉细。毛色多全黑，但也有"六白"或不完全"六白"的特征。可分为大、小两个类型 | 公猪体重37.37kg、体长81.5cm、体高47.4cm，母猪体重41.09kg、体长85.74cm、体高45.86cm。母猪初次发情在120d，第一胎产仔数6.1头，二胎及二胎以上产仔数8.1头 |

### （二）培育品种

根据育种目的，采用育种手段，利用引入的国外猪种与地方猪种杂交而育成的品种。1949—1990年，我国共育成新品种、新品系38个，《中国猪品种志》收录培育品种12个，如哈尔滨白猪、新金猪、上海白猪、北京黑猪、新淮猪、东北花猪、三江白猪等。这些品种经过系统培育，均有较高的生产性能。我国主要培育品种见表5-2。

表 5-2　我国主要培育品种猪

| 品种 | 产地及分布 | 外貌特征 | 生产性能 |
|---|---|---|---|
| 哈尔滨白猪 | 产于黑龙江省南部和中部地区，以哈尔滨市及其周围各县饲养头数较多，并广泛分布于滨洲、滨绥、滨北和牡佳等铁路沿线 | 全身被毛白色。体型较大。头中等大小，两耳直立，颜面微凹。背腰平直，腹稍大但不下垂，腿臀丰满，四肢强健，体质结实 | 6 月龄体重公猪达73.1kg，母猪达 64.4kg。乳头 7 对以上，初产母猪平均产仔数 9.4头，经产母猪11.3 头 |
| 新金猪 | 原产于辽东半岛南部。主要在新金县、金县和大连市郊等地，分布于丹东、辽阳、锦州、铁岭、朝阳和内蒙古自治区昭乌达盟等地区 | 体质结实，结构匀称。头大小适中，颜面稍弯，耳直立稍前倾。胸宽深，背腰宽平；腹线平直，后躯较丰满。四肢健壮，蹄质结实。被毛稀疏，全身黑色，鼻端、尾尖和四肢下部多为白色。具有"六白"或不完全"六白"特征 | 成年公猪平均体重为231.15kg，成年母猪平均体重为175.57kg。乳头 6 对以上。初产母猪产仔 9 头左右，经产母猪每窝产仔 10 头左右。日增重 538g，每千克增重耗混合精料 3.36kg |
| 上海白猪 | 产于上海市近郊的阊行和宝山两区。分布于上海市近郊 | 体型中等偏大。体质结实。头面平直或微凹，耳中等大略向前倾，背宽，腹稍大，腿臀较丰满。被毛白毛。乳头排列稀，较细 | 成年公猪体重为（258±8.66）kg，成年母猪体重为（177.59±1.89）kg。乳头数 7对左右，产仔数12.93 头 |
| 北京黑猪 | 主要在北京市原双桥农场和北郊农场育成。分布于北京市朝阳、海淀、昌平、顺义、通州等京郊各区、县 | 体质结实，结构匀称。头大小适中，两耳向前上方直立或平伸，面微凹，额较宽。颈肩结合良好。背腰较平直、且宽。四肢健壮，腿臀较丰满。全身被毛黑色。属兼用型猪种 | 6 月龄公猪体重72.26kg，母猪体重73.24kg。乳头多在 7对以上，平均产仔11.52 头 |
| 新淮猪 | 育成于江苏省淮阴地区 | 头稍长，嘴平直或微凹，耳中等大、向前下方倾垂。背腰平直，腹稍大但不下垂，臀略斜。四肢强壮有力。被毛黑色，允许体躯末端有少量的白斑 | 成年公猪体重为244.2kg，成年母猪体重为185.22kg。具有较高的繁殖力和哺乳率。有效乳头一般不少于 7 对，三胎及以上平均产仔 13.23 头 |

### （三）国外引进品种

**1. 大约克夏猪**

原产于英国北部的约克郡及其临近地区。体格大，全身被毛白色，故称大白猪。耳直立、中等大，头颈较长，嘴稍长微弯，体躯长，背腰平直或微弓，腹稍下垂。四肢较高。乳头6对以上。初产母猪产仔数9~10头，经产母猪产仔数11~12头。成年公猪体重250~300kg，成年母猪体重230~250kg。生长速度快，165d体重可达100kg。饲料利用率高，料重比（2.6~2.8）∶1。胴体瘦肉率64%~65%。通常利用它作为第一母本生产三元杂交猪。当前许多国家和地区根据自己的市场需要，培育出各自具有部分性能优势的品系，我国引入的大约克猪主要来自英国、美国、法国和加拿大等国，分别称为英系、美系、法系和加系。

**2. 长白猪**

原产于丹麦。全身被毛白色，耳大前倾，头、颈较轻，鼻嘴长直。体躯长，胸部有16~17对肋骨，背部平直稍呈弓形。四肢较高，后躯肌肉丰满，腹线平直，乳头6对以上，排列整齐。繁殖性能好，母猪产仔数在11~12头。生长速度快，158d体重达100kg。胴体瘦肉率65%。是生产瘦肉型猪的优良母本。目前国内饲养的长白猪主要有丹系、美系、加系、英系和瑞系长白猪。

**3. 杜洛克猪**

原产于美国东部的新泽西州和纽约州等地。全身被毛呈棕红色或金黄色，色泽深浅不一。体躯高大、匀称紧凑，后躯肌肉丰满。头较小，颜面微凹，鼻长直，耳中等大小，向前倾，耳尖稍弯曲；胸宽而深，背腰稍弓，腹线平直，四肢粗壮强健。成年公猪体重340~450kg，母猪300~390kg。母猪产仔数

10头左右。生长速度快，153~158d体重达到100kg。饲料利用率高，料重比低于2.8∶1。胴体瘦肉率在65%以上。通常利用它作为生产三元杂交猪的终端父本。目前，国内饲养的杜洛克主要有我国台湾省培育的台系杜洛克、美系和加系杜洛克。

4. 汉普夏猪

由美国选育而成。全身主要为黑色，肩部到前肢有一条白带环绕。体型大，体躯紧凑，呈拱形。头大小适中，耳向上直立，中躯较宽，背腰粗短，后躯丰满。产仔数9~10头，瘦肉率60%以上。

5. 皮特兰猪

产于比利时的布拉帮地区。毛色灰白色并带有不规则的黑色斑点。头部清秀，嘴大且直，双耳略微向前立起，体躯呈圆柱形，腹部平行于背部，肩部肌肉丰满，后躯发达。呈双肌臀，四肢较粗。产仔数9~10头，生长较快，6月龄体重达90~100kg，饲料利用率高，料重比（2.5~2.6）∶1。瘦肉率高达70%，但肉质欠佳，肌纤维较粗，易发生猪应激综合征（PSS），产生PSE肉。近年选育出的抗应激皮特兰，在适应性和肉质上都有大幅度改进。

在规模化商品猪的生产中基本上不采用纯种，而是充分利用杂交优势。目前在生产中常用的杂交组合有杜长大或杜大长杂交组合、PIC配套系。

杜长大杂交组合：这个杂交组合在我国普遍使用，它是利用长白猪作母本与大约克公猪或用大约克母猪与长白公猪杂交，产生的杂交一代（长大或大长）母猪再与杜洛克公猪杂交，其后代（杜长大或杜大长）作商品猪。商品猪生后150~160d体重可达100kg以上，料重比（2.6~2.8）∶1。

PIC 配套系：在我国北方地区饲养量大，PIC 配套系是以长白猪、大约克、杜洛克和皮特兰等瘦肉型猪为基础，导入其他品种的血缘，育成专门化品系，专门化品系之间进行杂交，选出最佳组合。我国引进 PIC 曾祖代有 4 个专门化品系，经杂交生产商品猪。商品猪出生 155d 体重可达 90kg 以上，料重比（2.5~2.6）：1。

# 第二节　种猪的生产

## 一、种公猪的饲养管理

俗话说"母猪好，好一窝；公猪好，好一坡"。种公猪的好坏对猪群的影响巨大，它直接影响后代的生长速度、胴体品质和饲料利用效率，因此养好公猪，对提高猪场生产水平和经济效益具有十分重要的作用。饲养种公猪的任务是使公猪具有强壮的体质，旺盛的性欲，数量多、品质优的精液。因此，应做饲养、管理和利用 3 个方面工作。

### （一）种公猪的饲养

1. 公猪的生产特点

公猪的生产任务就是与母猪配种，公猪与母猪本交时，交配时间长，一般为 5~10min，多的可达 20min 以上，体力消耗大。公猪射精量多，成年公猪一次射精量平均 250ml，多者可达 500ml。精液中干物占 2%~3%，其中 60% 为蛋白质，其余为脂肪、矿物质等。

2. 公猪的营养需求

营养是维持公猪生命活动、生产精液和保持旺盛配种能力的物质基础。我国农业行业标准中猪的饲养标准推荐的配种公猪的营养需要见表5-3。

表 5-3　配种公猪每千克养分需要量（NY/T65—2004）

| 采食量<br>（kg/d） | 消化能<br>（MJ/kg） | 粗蛋白质<br>（%） | 能量蛋白比<br>（kJ/%） | 赖氨酸<br>（%） | 钙<br>（g） | 总磷<br>（%） | 有效磷<br>（%） |
|---|---|---|---|---|---|---|---|
| 2.2 | 12.95 | 13.5 | 959 | 0.55 | 0.70 | 0.55 | 0.32 |

　　能量对维持公猪的体况非常重要，能量过高过低易造成公猪过肥或太瘦，使其性欲下降，影响配种能力。一般要求饲粮消化量水平不低于12.95MJ/kg。

　　蛋白质是构成精液的重要成分，从标准中可见，确定的蛋白质为13.5%，但生产中种公猪的饲粮蛋白质含量常常会达到15%~16%。在注重蛋白质数量供给的同时，应特别注重蛋白质的质量，注意各种氨基酸的平衡，尤其是赖氨酸、蛋氨酸、色氨酸。优质鱼粉等动物性蛋白质饲料因蛋白质含量高，氨基酸种类齐全，易于吸收，可作为种公猪饲粮优质蛋白质来源，使用比例在3%~8%。棉籽饼（粕）在生产中常用于替代部分豆粕，以降低饲粮成本，但因含有棉酚（棉酚具有抗生育作用）而不能作为种猪的饲料。

　　矿物质中钙、磷、锌、硒和维生素A、维生素D、维生素E、烟酸、泛酸对精液的生成与品质都有很大影响，这些营养物质的缺乏都会造成精液品质下降，如维生素A的长期缺乏就会使公猪不能产生精子，而维生素E，又叫生育酚，它的缺乏更会影响公猪的生殖机能，硒与维生素E具有协同作用。因此在生产中应满足种公猪对矿物质、维生素的需要。

　　3. 饲喂技术

　　（1）根据种公猪营养需要配合全价饲料。配合的饲料应适口性好，粗纤维含量低，体积应小，少而精，防止公猪形成草腹，影响配种。

（2）饲喂要定时定量，每天喂 2 次。饲料宜采用湿拌料、干粉料或颗粒料。

（3）严禁饲喂发霉变质和有毒有害饲料。

**（二）种公猪的管理**

1. 加强运动

运动能增进公猪体质和保持公猪良好体况，提高公猪的性欲，对圈养公猪加强运动很有必要。每天应驱赶运动 2 次，上、下午各一次，每次 1.5～2.0h、行程 2km。如果种公猪数量较多，可建环形封闭式运动场，让公猪在窄道内单向循环运动。

2. 定期称重及检查精液品质

公猪尤其是青年公猪应定期称重，检查其生长发育和体重变化情况，并以此为依据及时调整日粮和运动量。体重最好每月称重一次。公猪精液品质也要定期检查，人工授精的公猪每次采精都要检查精液品质，而采用本交的公猪也要检查 1～2 次。

3. 实行单圈饲养

公猪好斗，单圈饲养可有效防止公猪间相互咬架争斗，杜绝公猪间相互爬跨和自淫。

4. 做好防暑降温和防寒保暖工作

高温会使公猪精液品质下降，造成精子总数减少，死精和畸形精子增加，严重影响受胎率。公猪适宜的温度为 18～20℃，在规模化猪场，公猪都采用湿帘降温和热风炉供热系统，以确保公猪生活在适宜的环境温度中。

5. 其他管理

要注意保护公猪的肢蹄，对不良蹄形进行修整。及时剪去公猪獠牙，以防止公猪伤人。最好每天定时用刷子刷拭猪体，有利于人猪亲和及促进猪的血液循环和猪体卫生。建立合理的饲养管理操作规程，养成公猪良好的生活习惯。

### (三) 种公猪的利用

种公猪的利用合理与否，直接影响到公猪精液品质和使用寿命，合理利用种公猪，必须掌握适宜的初配年龄和体重，控制配种的利用强度。

#### 1. 初配年龄

公猪的初配年龄，随品种、饲养管理和气候条件的不同而有所变化，我国地方品种性成熟较早，国外引进品种性成熟较晚，适宜的初配年龄为我国地方品种在生后 7~8 月龄，体重达 60~70kg，国外引进品种在生后 8~12 月龄，体重达 110~120kg。

#### 2. 利用强度

青年公猪配种不宜太频繁，每 2~3d 配种一次，每周配种 2~3 次，成年公猪每天配种一次，配种繁忙季节每天配种二次，早、晚各一次，连续配种 5~6d 后应休息 1d，配种过度会显著降低精液品质，降低受胎率。

#### 3. 公母比例与使用年限

在本交情况下，一头公猪可负担 20~25 头母猪的配种任务，而采用人工授精的猪场一头公猪可负担 400 头母猪的配种任务。公猪的淘汰率一般在 25%~30%。种公猪的使用年限一般为 3~4 年。

## 二、种母猪的饲养管理

### (一) 空怀母猪的饲养管理

空怀母猪是指从仔猪断奶到再次发情配种的母猪。空怀母猪饲养管理的任务是使空怀母猪具有适度的膘情体况，按期发情，适时配种，受胎率高。空怀母猪的体况膘情，直接影响到母猪的再次发情配种。实践证明，母猪过肥或太瘦都会影响母猪的正常发情，空怀母猪七八成膘，母猪能按时发情并且容易配上、产仔多。七八成膘是指母猪外观看不见骨骼轮廓和不会给人肥胖感觉，用拇指稍用力按压母猪背部可触到脊柱。母猪体况太瘦，会使母猪发情推迟或发情微弱，甚至不发情，即使发情也难以配上。母猪膘情过肥，也会使母猪的发情不正常、排卵少、受胎率低、产仔少，所以空怀母猪的饲养应根据母猪的体况膘情来进行。

1. 空怀母猪的饲养

（1）空怀母猪的饲粮。供给空怀母猪的饲粮应是各种营养物质平衡的全价饲粮，其能量、蛋白质、矿物质、维生素含量可参照母猪妊娠后期的饲粮水平，消化能 12.55MJ/kg，粗蛋白质 12%，饲粮应特别注意必需氨基酸的添加和维生素 A、维生素 D、维生素 E 和微量元素硒的供给。

（2）饲喂技术。空怀母猪一般采用湿拌料，定量饲喂，每日喂 2~3 次。

①对于断奶时膘情适度、奶水较多的母猪，为防止母猪断奶后胀奶，引发乳房炎，在断奶前 3d 开始减料。断奶后按妊娠后期母猪饲喂，日喂料 2.0~2.5kg。

②对于体况膘情偏瘦的母猪和后备母猪则应采取"短期优饲"的办法，对于较瘦的经产母猪，在配种前的 10~14d，后备母猪则在配种前 7~10d 到母猪配上，每头母猪在原饲粮的基础上加喂 2kg 左右的饲料，这对经产母猪恢复膘情、按期发情、提高卵子质量和后备母猪增加排卵有显著作用，母猪配上后，转入妊娠母猪的饲养。

③对于体况肥胖的母猪，则应降低饲粮的营养水平和饲粮

饲喂量，同时将肥胖的母猪赶到运动场，加强运动，使其尽快达到适度膘情，及时发情配种。

2. 空怀母猪的管理

（1）认真观察母猪发情，及时配种。国外引进品种，发情症状不如我国本地猪种明显，常出现轻微发情或隐性发情，所以饲养人员要仔细观察母猪的表现，每日用公猪早、晚二次寻查发情母猪，如果公猪在母猪前不愿走开，并有爬跨行为时，应将母猪做好记号，并再进一步观察，确认发情时，及时配种，严防漏配。

（2）营造舒适、清洁环境。创造一个温暖、干燥、阳光充足、空气新鲜的环境，有利于空怀母猪的发情、排卵。搞好猪舍清洁卫生和消毒。

（3）猪的配种。母猪的发情周期为 18～23d，平均 21d。母猪的发情周期指从上次发情开始至下次发情开始，叫作一个发情周期，可分为发情前期、发情持续期、发情后期和休情期 4 个阶段。

①发情鉴定。正常情况下，母猪断奶后一周左右发情，有些母猪在断奶后 3～4d 就开始发情，所以饲养员应细心观察，若母猪表现出兴奋不安、食欲减退、爬跨其他母猪。地方猪种常出现鸣叫、闹圈。母猪阴户出现水肿、黏膜潮红、流出黏液，试情公猪赶入圈内，发情母猪会主动接近公猪跨等症状，说明母猪已发情。

②适时配种。母猪的发情持续期为 2～5d，平均 3d，猪的配种必须在发情持续期内完成，否则须等下个发情期才能再次配种。不同品种、不同年龄发情持续期不同，国外引进品种发情持续期较短，我国地方品种发情持续时间较长，老母猪发情持续时间较短，青年母猪发情持续时间较长，有"老配早、小配晚，不老不小配中间"之说。母猪适宜的配种时间是在

母猪排卵前 2~3h，即母猪开始发情后的 19~30h，此时母猪发情症状表现为阴户水肿开始消退，黏膜由潮红变为浅红，微微皱褶，流出的黏液用手可捏粒成丝，并接受试情公猪的爬跨，或检查人员用双手按压其背部，猪出现呆立不动，两腿叉开或尾巴甩向一侧，此时配种，受胎率高。如果阴户水肿没有消退迹象，阴户黏膜潮红，黏液不能捏粒成丝，猪不愿接受爬跨，则说明配种适期未到，还需耐心观察。反之，如果阴户水肿已消失，阴户黏膜苍白，母猪不愿接受公猪爬跨，则说明配种适期已错过。国外引进猪种发情症状不大明显，应特别注意。生产中，常在母猪出现发情症状后 24h，只要母猪接受公猪爬跨，就可第一次配种，间隔 8~12h 再配第二次。一般一个情期配种 2 次，也有些猪场配种 3 次。

③配种方式。重复配种：指在母猪发情持续期内，用 1 头公猪配种二次以上，其间隔时间为 8~12h，如果上午配种，一般下午再配一次，或下午配种，第二天上午再配一次。采用重复配种母猪的受胎率高，生产中常用此法。

双重配种：指在母猪发情持续期内，用 2 头公猪分别与母猪配种，2 头公猪配种间隔时间为 5~10min，由于有 2 头公猪的血缘，所以此法只能用于商品猪的生产。

④配种方法。人工辅助配种：如采用本交的猪场，应建专用的配种室。配种时应先挤掉公猪包皮中的积尿，并用 0.1% 浓度的高锰酸钾溶液对公、母猪的阴部四周进行清洁和消毒。然后稳住母猪，当公猪爬到母猪背上时，一手将母猪尾巴轻轻拉向一侧，另一手托住公猪包皮，使包皮口紧贴母猪阴户，帮助公猪阴茎顺利进入阴道，完成配种。当公猪体重显著大于或小于母猪时，都应采取措施给予帮助，应在配种室搭建一块 10~20cm 高的平台，当公猪体大时将母猪赶到平台上，再与公猪配种。反之则让公猪站立于平台上与母猪配种。配种完后

轻拍母猪后腰，防止精液倒流。配种应保持环境安静，避免一切干扰。

人工授精：规模化猪场常采用此法，既可充分发挥优秀公猪的作用，又可减少公猪饲养量，降低生产成本。将经过人工采精训练的公猪进行采精，然后检查精液品质与稀释。当母猪发情至最佳配种时间时，用输精管输入公猪精液，输精时应防止精液倒流。

**（二）妊娠母猪的饲养管理**

妊娠母猪指从配种后卵子受精到分娩结束的母猪。妊娠母猪饲养管理的任务是使胎儿在母体内得到健康生长发育，防止死胎、流产的发生，获得初生重大，体质健壮，同时使母猪体内为哺乳期贮备一定的营养物质。

1. 早期妊娠诊断

母猪配种后，食欲增加，被毛发亮，行为谨慎、贪睡，驱赶时夹尾走路，阴户紧闭，对试情公猪不感兴趣，可初步判定为妊娠。生产中常采用以下方法进行母猪的早期妊娠诊断。

（1）人员检查。在母猪配种后18～24d认真检查已配母猪是否返情，若未发现母猪返情，说明母猪可能已妊娠。

（2）公猪试情。每天上午、下午定时将试情公猪从已配母猪旁边赶过，观察已配母猪的反应，若出现兴奋不安等发情症状，说明母猪返情；若无反应，则说明可能已妊娠。为了确认，第二个情期用同样的方法再检查一次。

（3）超声波检查。利用胚胎时超声波的反射来进行早期妊娠诊断，效果很好。据介绍，配种20～29d诊断的准确率80%，40d以后的准确率为100%。常用于猪的妊娠诊断的仪器有A型超声诊断仪和B型超声诊断仪（B超）。A型体积小，如手电筒大，操作简单，几秒钟便可得出结果。B超体积较大，准确率高，诊断时间早，但价格昂贵。

2. 胚胎生长发育规律

卵子在输卵管壶腹部受精，形成受精卵后，在进行细胞分裂的同时，沿输卵管下移，3~4d 后到达子宫角，此时胚胎在子宫内处于浮游状态。在孕酮作用下，胚胎 12d 后开始在子宫角不同部位附植（着床），20~30d 形成胎盘，与母体建立起紧密联系。在胎盘未形成前，胚胎易受外界不良条件的影响，引起胚胎死亡。生产中，此阶段应给予特别关照。胎盘形成后，胚胎通过胎盘从母体中获得源源不断的营养物质，供自身的生长发育，在妊娠初期，胚胎体积小，重量轻，如妊娠 30d 每个胚胎重量只有 2g，仅占初生体重的 0.15%，随着妊娠时间的增加，胚胎生长速度加快，妊娠 80d，每个胎儿重量达 400g，占初生体重的 29.0%。妊娠 80d 后，胎儿体重增长迅速，到仔猪出生时体重可达 1 300~1 500g。在母猪妊娠的最后 30 多天内，胎儿的增重达初生体重的 70%左右（表5-4）。

表5-4　猪胎儿的发育变化

| 胎龄（d） | 胎重（g） | 占初生重（%） |
|---|---|---|
| 30 | 2.0 | 0.15 |
| 40 | 13.0 | 0.90 |
| 50 | 40.0 | 3.00 |
| 60 | 110.0 | 8.00 |
| 70 | 263.0 | 19.00 |
| 80 | 400.0 | 29.00 |
| 90 | 550.0 | 39.00 |
| 100 | 1 060.0 | 76.00 |
| 110 | 1 150.0 | 82.00 |
| 出生 | 1 300~1 500 | 100.00 |

由此可见，母猪配种后和临产前一个月是胎儿生长发育的关键时期，因此必须加强妊娠母猪在此时期的饲养管理，保证胎儿的正常生长。

3. 妊娠母猪的饲养

（1）妊娠母猪的营养需要及特点。妊娠母猪从饲料摄取的营养物质除用于维持需要外，主要用于胎儿的生长发育和自身的营养贮备，青年母猪还将营养物质用于自身的生长。从上述胎儿生长发育规律可见，母猪在妊娠前 80d，胎儿的绝对增长较少，对营养物质在量上的需求也相对较少，但对质的要求较高，特别是胎盘未形成前的时期，任何有毒有害物质，发霉变质饲料或营养不完善都有可能造成胚胎死亡或流产。母猪妊娠 80d 后，胎儿增重非常迅速，对营养物质的需要量也显著增加，同时，由于胎儿体积的迅速增大，子宫膨胀，使母猪消化道受到挤压，消化机能受到影响，所以此阶段应供给较多的营养物质。

母猪妊娠后，体内激素和生理机能也发生很大变化，对饲料中营养物质的消化吸收能力显著增强，试验证明，妊娠母猪在饲喂同样饲料的情况下，增重要高于空怀母猪。这种现象被称为孕期合成代谢。生产中可利用母猪孕期合成代谢来提高饲料的利用效率。

（2）妊娠母猪的饲养方式。目前妊娠母猪的饲养大都采用"低妊娠、高泌乳"的饲养模式，即在妊娠期适量饲喂，哺乳期充分饲喂。在生产中应根据母猪体况，给予不同的饲养待遇。

①"步步高"的饲养方式。对于初产母猪，宜采用"步步高"的饲养方式，即在整个妊娠期，随妊娠时间的增加，逐步提高饲粮营养水平或饲喂量，到产前一个月达到最高峰，这样可使母猪本身和胎儿都能得到良好的生长发育。

②"前粗后精"的饲养方式。对于断奶后体况良好的经产母猪，可采用"前粗后精"的饲养方式。即在妊娠前期（前80d）按一般的营养水平饲喂，可多喂些粗饲料；妊娠后期（80d后）胎儿生长发育迅速，提高营养水平，增加营养供给，以精料为主，少喂青绿饲料。

③"抓两头带中间"的饲养方式。对于断奶后体况很差的经产母猪，可采用"抓两头带中间"的饲养方式，即将整个妊娠期分为前期（配种至42d）、中期（43～84d）和后期（84d以后），在前期和后期提高饲粮营养水平，使母猪在产后迅速恢复体况和满足胎儿生长发育需要，在中期则给予一般的饲粮。

（3）饲喂技术。

①饲喂量。妊娠母猪的饲喂量在妊娠前84d 2.0～2.5kg/d，妊娠84d后，3.0～3.5kg/d，以母猪妊娠后期膘情达到8成半膘为宜，不可使母猪过肥或太瘦，并应根据母猪的体况、体重、妊娠时间和气温等具体情况作个别调整。有条件者可采用母猪自动饲喂系统，该系统能根据每头母猪的具体情况，自动决定每头母猪的饲喂量，并记录在案。

②饲喂次数。妊娠母猪一般日喂2～3次，饲喂的饲料可用湿拌料、颗粒料。喂料时，动作应迅速，用定量料勺，以最快速度让每一头母猪吃上料，最好能安装同步喂料器同时喂料。母猪对饲喂用具发出的声响非常敏感，喂料速度太慢，易引起其他栏的母猪爬栏、挤压，增大母猪流产的概率。

③饲喂妊娠母猪的饲粮应有一定的体积。妊娠前84d胎儿体积较小，饲粮容积可稍大一些，适当增加青、粗饲料比例，后期因胎儿生长，饲粮容积应小些。

④饲喂妊娠母猪的饲粮应有适当轻泻作用。在饲粮中可增大麸皮比例，麸皮含有镁盐，对预防妊娠母猪特别是妊娠后期

母猪便秘有很好效果。

⑤饲喂妊娠母猪的饲料应多样化搭配，品质好，保证有充足、清洁饮水。严禁饲喂发霉、变质、有毒有害、冰冻和强烈刺激性气味的饲料，不得给妊娠母猪喝冰水，否则会引起流产，造成损失。

⑥妊娠母猪饲养至产前 3~5d 视母猪膘情应酌情减料，以防母猪产后乳房炎和仔猪下痢。

### 三、哺乳母猪的饲养管理

哺乳母猪是指从母猪分娩到仔猪断奶这一阶段的母猪。哺乳母猪饲养管理的任务是满足母猪的营养需要，提高母猪泌乳力，提高仔猪断奶重。

#### （一）母猪的泌乳特点与规律

母猪有乳头 6~8 对，各乳头之间互不相通，各自独立。每个乳头有 2~3 个乳腺团，没有乳池，不能贮存乳汁，故仔猪不能随时吃到母乳。母猪泌乳是由神经和内分泌双重调节，经仔猪饥饿鸣叫和拱揉乳房的刺激，使母猪脑垂体后叶分泌催产素，催产素作用于乳房，促使母猪泌乳。母猪泌乳时间很短，一次泌乳只有 15~30s。母猪泌乳后须 1h 左右才能再次放乳。每天放乳 22~24 次，并随产后时间的推移泌乳次数逐渐减少。母猪在产后 1~3d，由于体内催产素水平较高，所以仔猪可随时吃到乳。

母猪产后 1~3d 的乳称为初乳，3d 后称为常乳。初乳中干物质含量为常乳的 1.5 倍，其中免疫球蛋白含量非常丰富，初生仔猪必须通过吃初乳才能获得免疫能力。但初乳中免疫球蛋白的含量下降速度很快，在产后 24h 就接近常乳水平，所以应尽早让仔猪吃到初乳，吃足初乳。

母猪的泌乳量在产后 4~5d 开始上升，在产后 20~30d 达到泌乳高峰以后逐渐下降。产后 40d 泌乳量占全期泌乳量的70% ~ 80%。

不同位置的乳头泌乳量不同，前 3 对乳头由于乳腺较多，泌乳也较多（表 5-5）。

表 5-5 不同乳头位置的泌乳量比例（%）

| 乳头位置 | 1 | 2 | 3 | 4 | 5 | 6 | 7 |
|---|---|---|---|---|---|---|---|
| 所占泌乳量比例 | 23 | 24 | 20 | 11 | 9 | 9 | 4 |

由表 5-5 可见，前面 3 对乳头的泌乳量占总泌乳量的67%，而第 7 对乳头的泌乳量仅点 4%。

不同胎次的母猪泌乳量也有较大差异，一般第一胎泌乳量较低，第二胎开始上升，以后维持在一定水平上。到第七、八胎开始下降。所以，规模化猪场的母猪一般在第八胎淘汰，年淘汰率在 25% 左右。

仔猪有固定乳头吃乳的特性，母猪产仔数少时，没有仔猪拱揉、吮吸的乳头便会萎缩。生产中可将一些产仔多的母猪的一部分仔猪寄养给产仔少的母猪喂乳，有利于仔猪的健康生长和母猪乳房的发育。

**（二）哺乳母猪的饲养**

1. 哺乳母猪的营养需要

正常情况下，母猪在哺乳期内营养处于入不敷出状态，为满足哺乳的需要，母猪会动用在妊娠期贮备的营养物质，将自身体组织转化为母乳，越是高产，带仔越多的母猪，动用的营养贮备就越多。如果此时供给饲粮营养水平偏低，会造成母猪身体透支，严重者会使母猪变得极度消瘦，直接影响到母猪下一个情期的发情配种，造成损失。所以，哺乳母猪的饲养都采用"高哺乳"的饲养模式，给哺乳母猪高营养水平的饲养，尽最大限度地满足哺乳母猪的营养需要。

由表5-5可见,供给哺乳母猪的饲粮消化能水平应达13.80MJ/kg,粗蛋白质水平17.5%~18.0%,赖氨酸水平0.88%~0.94%,对提高泌乳量,维持良好体况有很好帮助。供给的蛋白质应注意品质,满足必需氨基酸的需要。同时还要注意维生素和矿物质的充足供给,矿物质和维生素的缺乏都会影响母猪的泌乳性能以及母猪和仔猪的健康。

2. 饲养技术

(1) 哺乳母猪的饲喂量。哺乳母猪经过产后5~7d的饲养已恢复到正常状态,此时应给予最大的饲喂量,母猪能吃多少,就喂给多少,保证母猪吃饱吃好,一般带仔10~12头,体重175kg的哺乳母猪,每天饲喂5.5~6.5kg的饲粮。

(2) 供给品质优良饲料,保持饲料稳定。饲喂哺乳母猪应采用全价配合饲料,饲料多样化搭配,供给的蛋白质应量足质优,最好在配合饲料中使用5%的优质鱼粉,对于棉子粕、菜子粕都必须经过脱毒等无害化处理后方可使用。严禁饲喂发霉变质、有毒有害的饲料,以免引起母猪乳质变差造成仔猪下痢或中毒。要保持饲料的稳定,不可突然变换饲料,以免引起应激,引起仔猪下痢。

(3) 供给充足饮水。猪乳中含水量在80%左右,保证充足的饮水对母猪泌乳十分重要,供给的饮水应清洁干净,要经常检查自动饮水器的出水量和是否堵塞,保证不会断水。

(4) 日喂次数。哺乳母猪一般日喂3次,有条件的加喂一次夜料。

(5) 饲喂青绿饲料。青绿饲料营养丰富,水分含量高,是哺乳母猪很好的饲料,有条件的猪场可给哺乳母猪额外喂些青绿饲料。对提高泌乳量很有好处。

(6) 哺乳母猪的管理。给哺乳母猪创造一个温暖、干燥、卫生、空气新鲜、安静舒适的环境，有利于哺乳母猪的泌乳。在日常管理中应尽量避免一切会造成母猪应激的因素。保持猪舍的冬暖夏凉，搞好日常卫生，定期消毒。仔细观察母猪的采食、粪便、精神状态，仔猪的吃奶情况，认真检查母猪乳房和恶露排出情况，对患乳房炎、子宫炎及其他疾病的母猪要及时治疗，以免引起仔猪下痢。对产后无乳或乳少的母猪应查明原因，采取相应措施，进行人工催乳。

3. 防止母猪无乳或乳量不足

（1）母猪无乳或乳量不足的原因。

①营养方面。母猪在妊娠和哺乳期间营养水平过高或过低，使得母猪偏胖或偏瘦，或营养物质供给不平衡，或饮水不足等都会出现无乳或乳量不足。

②疾病方面。母猪患有乳房炎、链球菌病、感冒发烧等，将出现无乳或乳量不足。

③其他方面。高温高湿、低温高湿环境、母猪应激等，都会出现无乳或乳量不足。

（2）防止母猪无乳或乳量不足的措施。根据上述原因，预防母猪无乳或乳量不足的措施如下。

①做好妊娠和哺乳母猪的饲养管理，满足母猪所需要的各种营养物质。同时给母猪创造舒适的生活环境，给予精细的管理，最大限度减少母猪的应激反应。

②做好疾病预防工作，防止母猪因病造成无乳或乳量不足。

③用以下方法进行催乳。

Ⅰ. 将胎衣洗净切碎煮熟拌在饲料中饲喂无乳或乳量不足的母猪。

Ⅱ. 产后 2~3d 内无乳或乳量不足，可给母猪肌内注射催产素，剂量为 10U/100kg 体重。

Ⅲ．用淡水鱼煎汤拌在饲料中喂饲。

Ⅳ．泌乳母猪适当喂一些青绿多汁饲料，但要控制喂量，以保证母猪采食足够的配合饲料，否则会造成营养不良，导致母猪乳量不足。

Ⅴ．中药催乳法：王不留行 36g、漏芦 25g、天花粉 36g、僵蚕 18g、猪蹄 2 对，水煎分两次拌在饲料中喂饲。

# 第三节　肉猪的生产

## 一、肉猪的饲养

### (一) 营养需要

仔猪经过保育期的培育，从保育舍转入育肥猪舍时，猪的各项生理机能已发育完善、健全，此时，猪食欲旺盛，消化能力强，生长迅速，日增重随日龄增长而增加，至体重 90～100kg 时日增重达到高峰。为满足迅速生长，需从饲料中获取大量营养物。饲料营养的供给应注意能量、蛋白质水平以及两者间的比例平衡，适宜的能量水平有利于猪的快速生长，过高能量则在猪的体内被转化成脂肪沉积，影响胴体瘦肉率。能量不足则使猪的生长减缓，甚至将蛋白质转化为能量来满足猪对能量的需要。蛋白质是由氨基酸构成，猪对蛋白质的需要实际上是对氨基酸的需求，因此饲料应特别注意氨基酸的组成。各种氨基酸的比例，特别是限制性氨基酸如赖氨酸、色氨酸、蛋氨酸的供给，以提高饲料转化效率。矿物质、维生素也是猪快速生长的必需物质，应注意满足供给。

## （二）饲养方式

### 1. 直线饲养方式

就是根据肉猪生长发育规律和不同生长阶段的营养需要，在肉猪生产的整个阶段都给予丰富均衡营养的饲养方式。生产中常将肉猪分为小猪（20～35kg）、中猪（35～65kg）和大猪（60～100kg以上）3个阶段。此种饲养方式具有肉猪生长快、饲养周期短、饲养利用效率高的特点。

### 2. "前高后低"的饲养方式

根据肉猪生长发育规律，兼顾肉猪的增重速度，饲料利用效率和胴体品质，将肉猪生产的整个阶段分为育肥前期（体重20～60kg）和育肥后期（60～100kg），育肥前期饲喂高能量高蛋白质全价饲料，并实行自由采食或不限量饲喂；后期则适当降低饲料中的能量水平，并实行限制饲喂，以减少肉猪脂肪沉积，提高胴体瘦肉率。

## （三）饲喂方法

肉猪的饲喂主要采用自由采食和分餐饲喂。在小猪阶段一般采用自由采食，即每昼夜始终保持料槽有料，饲料敞开供应，猪什么时候肚子饿了，想吃料就有料吃，想吃多少就能吃多少。这样有利于猪的快速生长和个体均匀，整齐度较高。在中大猪阶段常采用分餐饲喂，即每天定时定量饲喂，一般每天饲喂2～3次。可采用颗粒料、干粉料和湿拌料。湿拌料适口性较好，颗粒料和干粉料便于同时投料，减少饲喂时猪群的不安和躁动。定量饲喂有利于控制胴体脂肪沉积，提高瘦肉率。

## （四）保证充足清洁的饮水

水是最重要的营养物质，体内新陈代谢都在水中进行。体内缺水达10%时，就会引起代谢紊乱。饮用水是体内水分的最主要来源，所以应保证猪有充足的饮水。生产中，由于水来得容易，因此饮水问题常被忽视，导致猪群缺水。现在猪场都安装自动饮水器，应经常检查饮水器中水压的大小和是否堵塞。水压太大，水呈喷射状，使猪不敢喝水，导致缺水。水压太低，流量小，或因堵塞无水，而引起猪缺水。一些猪场设有高压水池和低压水池：高压水池供给生产用水，低压水池用于猪的饮水。同时，应注意供给饮水的水质，许多猪场采用地表水，而地表水往往大肠杆菌严重超标，使用时应注意消毒。对水中矿物质含量过高的硬水，建议不要使用。这在建场时就应对水质进行化验。

## 二、肉猪的管理

### （一）实行"全进全出"饲养制度

在规模化猪舍中应安排好生产流程，在肉猪生产采用"全进全出"饲养制度。它是指在同一栋猪舍同时进猪，并在同一时间出栏。猪出栏后空栏一周，进行彻底清洗和消毒。此制度便于猪的管理和切断疾病的传播，保证猪群健康。若规模较小的猪场无法做到同一栋的猪同时出栏，可分成两到三批出栏，待猪出完后，对猪舍进行全面彻底消毒后，方可再次进猪。虽然会造成一些猪栏空置，但对猪的健康却很有益处。

### （二）组群与饲养密度

肉猪群饲有利于促进猪的食欲和提高猪的增重，并充分有效利用猪舍面积和生产设备，提高劳动生产率，降低生产成本。猪群组群时应考虑猪的来源、体重、体质等，每群以10头左右为宜，最好采用"原窝同栏饲养"。若猪圈较大，每群以15头左右，不超过20头为宜。每头猪占地面积漏缝地板1.0m² 头，水泥地面1.2m²/头。

### （三）分群与调教

猪群组群后经过争斗，在短时间内会建立起群体位次，若无特殊情况，应保持到出栏。但若中途出现群体内个体体重差异太大，生长发育不均，则应分群。分群按"留弱不留强、拆多不拆少、夜合昼不合"的原则进行。猪群组群或分群后都要耐心做好"采食、睡觉和排泄"三定点的调教工作，保持圈舍的卫生。

### （四）去势与驱虫

肉猪生产对公猪都应去势，以保证肉的品质，而母猪因在出栏前尚未达到性成熟，对肉质和增重影响不大，所以母猪不去势。公猪去势越早越好，小公猪去势一般在生后15d左右进行，现提倡在生后5~7d去势，早去势，仔猪体内母源抗体多，抗感染能力强，同时手术伤口小，出血少，愈合快。寄生虫会严重影响猪的生长发育，据研究，控制了疥螨比未控制疥螨的肥育猪，肥育期平均日增重高50g，达到同等出栏体重少用8~9d时间。在整个生产阶段，应驱虫2~3次，第一次在仔猪断奶后1~2周，第二次在体重50~60kg时期，可选用芬苯达唑、可苯达唑或伊维菌素等高效低毒的驱虫药物。

### （五）加强日常管理

#### 1. 仔细观察猪群

观察猪群的目的在于掌握猪群的健康状况，分析饲养管理条件是否适应，做到心中有数。观察猪群主要观察猪的精神状态、食欲、采食情况、粪尿情况和猪的行为。如发现猪精神萎靡不振，或远离猪群躺卧一侧，驱赶时也不愿活动，猪的食欲很差或不食，出现拉稀等不正常现象，应及时报告兽医，查明原因，及时治疗。对患传染病的猪，应及时隔离和治疗，并对猪群采取相应措施。

2. 搞好环境卫生，定期消毒

做好每日两次的卫生清洁工作，尽量避免用水冲洗猪舍，防止污染环境。许多猪场采用漏缝地板和液泡粪技术，与用水冲洗猪舍相比，可减少70%的污水。要定期对猪舍和周围环境进行消毒，每周一次。

### （六）创造适宜的生活环境

1. 温度

环境温度对猪的生长和饲料利用率有直接影响。生长育肥猪适宜的温度为18～20℃，在此温度下，能获得最佳生产成绩。高于或低于临界温度，都会使猪的饲料利用率下降，增加生产成本。由于猪汗腺退化皮下脂肪厚，所以要特别注意高温对猪的危害。据研究，猪在37℃的环境下，不仅不会增重，反而减重350g/d。开放式猪舍在炎热夏季应采取各种措施，做好防暑降温工作；在寒冷冬季应做好防寒保暖，给猪创造一个温暖舒适的环境。

2. 湿度

湿度总是与温度、气流一起对猪产生影响，闷热潮湿的环境使猪体热散发困难，引起猪食欲下降，生长受阻，饲料利用率降低，严重时导致猪中暑，甚至死亡。寒冷潮湿会导致猪体热散发加剧，严重影响饲料利用率和猪的增重，生产中要严防此两种情况发生。适宜的湿度以55%～65%为宜。

3. 保持空气新鲜

在猪舍中，猪的呼吸和排泄的粪、尿及残留饲料的腐败分解，会产生氨、硫化氢、二氧化碳、甲烷等有害气体。这些有害气体如不及时排出，在猪舍内积留，不仅影响猪的生长，还会影响猪的健康。所以保持适当的通风，使猪舍内空气新鲜，是非常必要的。

### （七）适时出栏

肉猪养到一定时期后必须出栏。肉猪出栏的适宜时间以获取最佳经济效益为目的，应从猪的体重、生长速度、饲料利用效率和胴体瘦肉率、生猪的市场价格、养猪的生产风险等方面综合考虑。从生物学角度，肉猪在体重达到 100~110kg 时出栏可获最高效益。体重太小，猪生长较快，但屠宰率和产肉量较少；体重太大，屠宰率和产肉量较高，但猪的生长减缓，胴体瘦肉率和饲料利用率下降。生猪的市场价格对养猪的经济效益有重大影响，当市场价格成向上走势时，猪的体重可稍微养大一些出栏，反之则可提早出栏。当周边养殖场受传染病侵扰时，本场的养殖风险增大，应适当提早出栏。

# 第六章　牛的规模化养殖

## 第一节　牛的品种及其生物学特性

### 一、牛的品种

#### （一）普通牛品种

1. 奶牛的主要品种

（1）荷斯坦牛。荷斯坦牛原名为荷兰黑白花奶牛，是历史最悠久的乳牛品种，以产奶量高而闻名于世；又因其适应性强，世界各国都有饲养，且与当地牛杂交，育成了更适应当地环境条件并冠以本国名称的黑白花牛，对世界各国奶牛业的发展产生了不可估量的影响。

荷斯坦牛体型高大，结构匀称，头清秀，皮薄毛短脂肪少，后躯较前躯发达，乳房大而丰满，乳静脉粗大而弯曲。毛色黑白花，花片分明，额部多有白星，四肢下部、腹下和尾帚为白色。成年公牛体重 900~1 200kg，成年母牛 650~750kg，平均产奶量 5 000~8 000kg，乳脂率 3.6%~3.8%，泌乳性能良好。

（2）中国黑白花奶牛。是由国外引进的荷斯坦牛等品种，长期与我国各地的本地黄母牛杂交选育而形成的一个乳用品种牛。分南北两个品系，现已遍布全国，是我国的一个主要乳用品种牛。由于各省培育条件有别，致使该品种牛形成大、中、小三种体格类型，其成年母牛体高平均依次为 136cm 以上、133cm 以上和 130cm 左右。中国黑白花奶牛毛色黑白相间，花片分明，额部多有白斑，腹底、四肢下部及尾端呈白色。有角，色蜡黄，角尖黑色，多由两侧向前向内弯肋。头清秀，颈细长，背腰平直，尻部一般平、方、宽；胸部宽深，腹部大，乳房发育良好，四肢端正，蹄正，整体结构匀称。成年公牛体重 1 020kg，成年母牛 575kg。标准泌乳期 305d，平均产奶量约 5 400kg，乳脂率 3.3%～3.4%。妊娠期平均 278d，产犊间隔 340d。

2. 肉牛的主要品种

（1）夏洛来牛。原产法国，是举世闻名的大型肉牛品种。

夏洛来牛体大力强，全身被毛白色或乳白色。头小而短宽，角圆而较长，颈粗短，胸宽深，肋骨弓圆，背宽肉厚，体躯呈圆筒状，荐部宽而长，肌肉丰满，后臀肌肉很发达。该牛生长速度快，瘦肉产量高。在良好饲养条件下，12 月龄体重，公牛 378.8kg、母牛 321.6kg。屠宰率一般为 60%～70%，胴体产肉率为 80%～85%。与我国黄牛杂交效果：夏洛来牛与我国本地黄牛杂交，其后代体格明显加大，生长速度加快，效果较好。与黄色牛杂交，后代毛色多呈草白色或草黄色；与黑色牛杂交，后代毛色多呈灰褐色。

（2）海福特牛。原产于英国，属中小型早熟肉牛品种。

海福特牛具有典型的肉用牛体型，颈短粗多肉，垂皮发达，体躯呈圆筒形，腰宽平，臀部宽厚，肌肉发达，四肢短粗，侧望体躯呈矩形。毛色橙黄或黄红色，具"六白"特征，即头、颈下、鬐甲、腹下、尾帚和四肢下部为白色，鼻镜粉红。成年公牛体重 850～1 100kg，成年母牛 600～700kg。增重速度快，生后 200d 内，日增重可达 1.12kg，周岁重达 410kg

以上。

（3）安格斯牛。原产于英国，属小型肉牛品种，适于放牧饲养，对粗饲料利用能力强，耐干旱，易肥育，肉质好，繁殖力较强，周岁重可达400kg以上，屠宰率60%~65%。

3. 兼用牛品种

（1）西门塔尔牛。西门塔尔牛原产于瑞士，在德国、法国、奥地利等国也有分布。由于该牛乳用与肉用性能都很突出，目前已成为世界上分布最广、数量最多的品种之一，我国各地都有饲养，是一个著名的乳肉兼用品种牛。

西门塔尔牛毛色多为黄白花或红白花，肩、腰部有条状白带，头、腹下部、腿和尾帚为白色，鼻镜、眼睑为粉红色。体格粗壮结实。头长面宽身躯长，肋骨开张，肌肉丰满，四肢粗壮，乳房发育中等，但泌乳力强。成年公牛体重1 000~1 300kg，成年母牛650~800kg。

该牛产奶和产肉性能都好。年平均产奶量为4 000kg，乳脂率4%。屠体瘦肉多，脂肪少，肉质好，平均日增重1.0kg以上，屠宰率为55%~65%。适应性强，耐粗放管理。

（2）短角牛。产于英国，为乳肉兼用品种。早熟、肉质好、适应性和抗寒力强。毛多为深红或酱红色。400日龄体重412kg，屠宰率65%~68%，产乳量为2 800~3 500kg。

（3）中国草原红牛。中国草原红牛是应用乳用短角牛与当地牛杂交选育而成的一个乳肉兼用品种牛，主产区为吉林省白城地区、内蒙古自治区的昭乌达盟及河北省张家口等地区。

该牛被毛紫红或深红，部分牛腹下、乳房部有白斑，鼻镜、眼圈粉红色。多数牛有角且向前外方，呈倒"八"字形。体格中等，成年公牛体重700~800kg，成年母牛450kg。在放牧条件下，平均产奶量可达1 500~2 500kg，乳脂率4.0%以上。产肉性能良好，屠宰率平均50.8%~58.2%，净肉率

41.0%~49.5%。繁殖性能良好，初情期多在 18 月龄出现。适应性好，耐粗放管理，对严寒酷热的草场条件耐力强，且发病率很低。

（4）三河牛。产于内蒙古呼伦贝尔盟等地，为乳肉兼用型。被毛为红白花片，头白色或有白斑，腹下、尾尖和四肢下部为白色，有角，体格较大，成年体重：公牛 1 050kg，母牛 547.9kg。平均产奶量 2 000kg 以上，乳脂率 4.10%~4.47%。屠宰率50%~55%，净肉率44%~48%。

4. 我国黄牛的主要品种

（1）蒙古牛。原产于兴安岭东西两麓，很多地方是一望无际的沙漠和草原地带，土层瘠薄，碱性重，雨量少，温差大。在这样的环境条件下，形成了蒙古牛耐粗放、生活力强、体质坚实的特性。

蒙古牛头短宽粗重，鬐甲和背近似水平，后躯较窄，毛色以黄褐及黑色较多。年平均产奶量 200~300kg，优秀者可达 2 198.8kg，肉质较好，屠宰率秋季可达 50%，肥育后可达 58.6%。役用性强，持久耐劳。

（2）华北牛。产于陕、晋、冀、鲁、豫等省发达的农区，饲料条件较好，舍饲为主，最负有盛名约有五大品种：秦川牛、南阳牛、鲁西牛、晋南牛和延边牛。

①秦川牛。产于陕西渭河流域的关中平原，体格高大，结构好。役力强，易肥育，肉质细嫩。中等营养的牛，屠宰率达 53.9%，净肉率为 45%，年产奶量 115kg。

②南阳牛。产于河南省南阳地区，分高脚牛、矮脚牛和短脚牛三型，以短脚型最多。具有四肢短、体长、各部发育匀称、胸肌发达等特征。毛多为黄、红色。以役用为主，产肉性能差，屠宰率为 55.5%，净肉率为 45.8%。

③鲁西牛。产于山东西部，分为高辕型、抓地虎型、中间

型，以中间型较多。体格高大，前躯较深，背腰宽广。毛以黄色为主。役、肉性能皆优。

④晋南牛。产于山西省南部，体格粗大，骨骼结实，前躯发育好，胸深而宽，毛以红色较多，黄色及褐色次之，役力强，产肉性能较好。

⑤延边牛。主产于吉林省延边朝鲜族自治州。粗壮结实，结构匀称，体躯宽深，被毛长而密，多呈黄色。役用性能较强，皮张质量较好。经短期肥育，屠宰率可达 54%，净肉率为 42%。

（3）华南牛。主产于我国华南各省及长江流域部分地区和云南、贵州、台湾省等地。华南各省多重山峻岭，丘陵交错，气候温和潮湿，青草期长，受生态环境影响，体格小于华北牛，并不同程度含有瘤牛血液。华南牛体躯小而丰厚，鬐甲隆起较高，形似瘤牛。毛色以黄、褐色为主。因分布地区差异大，故各地牛体格大小、生产性能差异较大，其中江苏荡脚牛体高力大，每日可耕地约 0.4hm$^2$；海南黄牛产肉性能好，云南邓川牛泌乳力较强。

**（二）水牛、牦牛与瘤牛品种**

1. 水牛

（1）摩拉水牛。原产于印度雅么纳河西部地区，是世界上著名乳用水牛品种。现在遍布东南亚各国，我国南方各省均有饲养，尤以广西较多。

该牛体型高大，皮薄而软，富有光泽，被毛稀疏，皮肤和被毛黝黑。头小，前额稍为突出，角短呈螺旋状，臀宽尻斜，四肢粗壮，蹄质坚实，乳房发达，乳静脉弯曲明显。我国繁育的摩拉水牛成年公牛体重 969.0kg，成年母牛 647.9kg，平均产奶量 1 500~2 000kg，最高可达 4 000kg。此外，其耕作力也较强，与我国水牛杂交效果比较好。

（2）尼里—拉菲水牛。原产于巴基斯坦旁遮普省，是一个良好的乳用水牛。1974年引入我国，分布于我国华南各省和四川、陕西等地。

该牛多数被毛、皮肤为黑色，玉石眼，面部与四肢下部有白色，尾帚白色。体躯深厚，前躯较窄而后躯宽广，尻斜，乳房发达。成年公牛体重800kg，成年母牛600kg。平均产奶量1 983kg，优秀个体可达3 400~3 800kg，乳脂率7.19%。该牛亦可作肉用和役用，成年牛屠宰率50%~55%。

（3）中国水牛。中国水牛属于沼泽型，主要分布在淮河以南的水稻产区，尤以两广、两湖、四川及云贵等省较多。目前全国有水牛2 000多万头，居世界第二位。

该牛骨骼粗大，肌肉发达，体躯稍短而低矮，前躯发达，尻部倾斜，四肢粗短，蹄圆大结实，被毛稀疏，多为黑色或青黑色，白色较少。其生物学特性为喜水耐热不耐寒。成年公牛体重489.9~623.6kg，成年母牛400.5~616.5kg。体质健壮，抗病力强，适应性广，耐役耐粗，利用年限长，是我国重要的畜种资源。但历来用途单一，仅为役用。为了提高水牛效益，我国已引进江河型水牛改良当地水牛，使乳、肉、役性能明显提高。在坚持改良的基础上，经过选择和培育，可为水牛新品种的培育和形成奠定基础，以开发我国水牛品种的资源。

2. 牦牛

一般产于海拔3 000m以上高山草原地区，系原始品种，貌似野牛，强壮，被毛粗长，毛以黑色为主。我国是世界上牦牛数量最多的国家。全球90%的牦牛分布在我国的西藏、青海、四川、甘肃、云南、新疆、内蒙古的部分高寒地区，目前约有1 500万头。我国共有5个品种，代表性的品种有西藏高山牦牛和甘肃天祝白牦牛。

我国牦牛外貌粗糙，被毛长而密，体质健壮，毛色有黑、花、灰、褐、白等色，以黑色居多。头粗重，耳短小，角细长，鬐甲稍隆起，背腰平直，尻部倾斜，四肢粗壮，蹄质坚韧。成年公牛体重 264.1～420.6kg，成年母牛 189.7～242.8kg。

该牛役用能力强，可长途驮载货物，驮载量一般为其体重的 1/4。屠宰率可达 52%～54%，净肉率 36.3%～39.6%。产奶性能较差，一个胎次平均产奶 400kg 左右，乳脂率高达 6.82%。产毛性能良好，每年 6～7 月剪毛一次，公、母、阉牦牛平均毛绒产量分别为 1.76～4.6kg，0.45～2.4kg，1.7～2.5kg。

牦牛与普通牛杂交，其杂种称犏牛，其生长发育和生产性能与牦牛比有明显优势，但公犏牛无繁殖能力。

3. 瘤牛

因其鬐甲部有一肌肉组织隆起似瘤而得名。肉垂特别发达，是亚洲和非洲的一种家牛，与普通牛杂交的后代具有生育力。其皮肤分泌物中含有臭气的皮脂能驱虫、虱，故可抗焦虫病。以巴基斯坦辛地红牛和美洲婆罗门牛最著名。辛地红牛主要作乳用，300d 产奶量 1 364～2 728kg，乳脂率 4.2%。

## 二、牛的生物学特性

### （一）采食性

牛是草食反刍动物，上额无门齿，靠舌卷唇助，切齿断草的方法采食牧草。采食时不经仔细咀嚼，囫囵吞下，经反刍后才继续完成其消化。因匆忙采食，常易误食毒草和异物。牛的采食量大，日采食青草量约占其体重的 9%～11%，采食和反刍时间，占全天 2/3 左右。

## （二）消化特性

牛是复胃动物，胃容积很大，成年牛胃容积为 100~250L，其中瘤胃容积占整个胃容积的 80%，瘤胃中含有大量微生物，能利用饲料中粗纤维和非蛋白含氮物质，牛日粮中 70%~80% 的可消化物质都在瘤胃中消化。牛的前胃无消化液，仅皱胃有单胃家畜相似的胃机能。

## （三）牛的合群性和优胜序列

牛具有合群性，常是自然地组成以母牛为主体的"母性群体"。成年公牛则是独居生活，到繁殖季节才同母牛一起。在自由放牧牛群中，如含有不同结构的牛，则分别形成各自的优胜序列。从群体观察，成年公牛支配成年母牛，犊牛则受母牛支配。

在商业性繁殖经营条件下，牛的自然习性发生了很大变化，所以群体的优胜序列也常变化，序列低的牛常被迫减少采食时间。某些情况下，奶牛产犊后不宜向牛群反复引进新牛，以免影响产奶量。

## （四）对环境的适应性

在炎热条件下，水牛喜滚水打泥，能适应热带、亚热带气候条件。

但在夏日阳光下曝晒或在高温下劳役，其耐热、耐旱力则比黄牛弱。

牛对海拔高度的适应力亦因种的不同而异。水牛除少数长期生活在较高海拔（2 000m 以上）地区者外，一般都分布在海拔 2 000m 以下地区。黄牛对海拔 3 000m 高度能适应。

牛的攀登能力，黄牛优于水牛。水牛蹄大，蹄质坚实，步态稳，对低洼潮湿地区适应能力强于黄牛。耐旱力则黄牛优于水牛。

### (五) 牛的抗病力

牛的抗病力强。有的牛只常发病，多属饲养管理过分粗放所致。牛具有耐粗饲、性温驯、易调教、吃苦耐劳等特性。

含有瘤牛血缘的牛及水牛，抗焦虫病的能力强。水牛对血吸虫病亦有较强的抵抗力。

# 第二节　犊牛的生产

## 一、犊牛的饲养

### (一) 初乳期饲养

犊牛生后 10~20d 是培育的关键时期。

1. 初乳的作用

母牛产犊后 5~7d 内分泌的乳叫初乳。初乳对犊牛有很多特殊的作用。

①有较大的黏度，初生犊牛消化道不分泌黏液，吸收初乳后，初乳中较大的黏度能代替黏液而覆盖在胃肠壁上，可防止细菌直接入侵。

②有较高的酸度，初乳的酸度为 36~53°T。这种酸度对接牛有两个作用，即能有效地刺激胃黏膜产生胃酸和各种消化液，保护消化道免受病菌侵害。

③含有丰富的营养物质，初乳中蛋白质含量是常乳的 4~5 倍，且多数是球蛋白、白蛋白，可提供大量的免疫球蛋白，以增加犊牛的抵抗力。钙和磷的含量为常乳的 2 倍。还含有较多的镁盐，具有轻泻作用，能促进胎粪的排出。维生素 A、D、E 比常乳高 4~5 倍。因此，初乳是初生犊牛最理想的、不可代替的天然食物。但其成分随时间推移而逐渐下降。例如胡萝

卜素的含量，第一次挤出的初乳中，每千克含 6 464mg，第三次挤出的初乳中，每千克含 1 992mg，第 5 天时仅为 6mg，因此哺喂犊牛必须注意一开始就让其吃足初乳。

2. 初乳的喂量

犊牛生后 0.5~1.0h，能自行站立时，就应喂给第一次初乳。初乳的喂量根据犊牛体重和健康状况而定。如一头 35kg 重、体质健康的犊牛，第一次喂乳应尽量让其吃足，喂量应不少于 1kg，以后可按其体重的 1/7~1/6 喂给，连续喂 5~7d 初乳，每昼夜喂 5~6 次。若初乳温度低则要加热至 37~38℃ 再喂，但加温不宜太高，若超过 40℃，初乳会凝固而不易消化。

哺喂犊牛必须定时、定量、定温。母牛的初乳若不能利用或分泌不足时，可配制人工初乳来代替。配方是：鲜奶 1kg，鸡蛋 2~3 个，食盐 10g，鱼肝油 15g，配好后充分拌匀混合，加温至 38℃ 后喂饮。

**（二）常乳期饲养**

犊牛经哺喂 5~7d 初乳后，即转哺喂常乳。目前犊牛的哺乳期已由原来的 6 个月缩短为 3~4 个月，总的喂奶量大约为 300~500kg，日喂 2~3 次，一天的喂量可按犊牛体重的 1/10 左右计算。

犊牛最好先喂亲生母牛的全乳 15~20d 后，再转喂母牛群中的混合乳（常乳），以避免因过早喂给常乳而引起胃肠疾病。犊牛 1 月龄后，可逐步用人工乳代替全乳，以减少全乳消耗，降低培育成本。如犊牛哺乳期为 3~4 个月，奶的喂量为 300~500kg，喂奶量在各月的分配是：第一个月占总喂量的 40%，第二个月为 35%，第三个月为 25%。全乳与人工乳的比例，全乳占喂奶量的 30%，人工乳占 70%。

喂乳的方法常用的有两种：

（1）自然哺乳。即让犊牛跟随母牛自由哺乳。这是一种较原始的方法，只适于产乳量低的役用牛和肉用牛。此方法的优点是节省人力，犊牛不易得肠炎、下痢等疾病；缺点是易发生传染病，母牛的产乳量也无法统计，母牛产后发情期推迟。所以乳用牛及兼用牛不宜采用这种哺乳方法。

（2）人工哺乳。乳用及兼用犊牛均采用人工哺乳方法。哺乳用具有奶壶、奶桶。但最好用奶壶喂乳，奶壶上的橡皮乳嘴的流乳孔直径以 $1 \sim 2 \mu m$ 为宜。初生犊牛开始不会吸吮乳汁，饲养员可将两个手指洗净后浸入乳汁中，然后塞进犊牛嘴里，如此反复诱导 $2 \sim 3$ 次，即可自动吸吮。

用奶壶进行人工哺乳可以防止犊牛猛饮而造成乳汁呛入肺部，并可按每头犊牛的具体情况掌握喂乳量；有利于乳液的保温和清洁，培养了犊牛温驯的性情。

### （三）植物性饲料的补饲

提早训练犊牛吃植物性饲料，能促进瘤胃发育，尽早反刍，同时可防止舐食脏物污草。一般从犊牛生后 7 日龄开始在饲槽里投放优质干草，任其自由采食训练咀嚼，10 日龄左右即可训练吃精料。可用麸皮、燕麦粉、豆饼面、玉米面及少量鱼粉、食盐、骨粉、贝粉等配合成干粉料，每日喂 $15 \sim 25g$，撒在乳中或槽内任其舔食。待适应后，便可训练采食混合干湿料，以提高适口性，增加采食量。15 日龄后可增至 $80 \sim 100g$。1 月龄可采食 $250 \sim 300g$，2 月龄每天采食 $500g$。生后 20d 始，在混合料中加入切碎的胡萝卜或甜菜 $20 \sim 30g$，到 2 月龄时日喂可达 $1 \sim 1.5kg$，1.5 月龄可喂给玉米青贮料 $100 \sim 150g$，$4 \sim 6$ 月龄 $4 \sim 6kg$。

### （四）饮水的供给

水是机体新陈代谢不可缺少的物质，为使犊牛迅速生长发育，必须及早训练饮水。初乳期每次喂乳后 1~2h 补饮温开水 1~2kg，15~20 日龄改饮清洁凉水，1 月龄后可在运动场饮水槽自由饮水。

## 二、犊牛的管理

### （一）卫生

每次哺乳完毕，用毛巾擦净犊牛口周围残留的乳汁，防止互相乱舐而导致"舐癖"。喂奶用具要清洁卫生，使用后及时清洗干净，定期消毒，犊牛栏要勤打扫，常换垫草，保持干燥；阳光充足，通风良好。

### （二）运动

充分运动能提高代谢强度，促进生长。犊牛从 5 日龄开始每天可在运动场运动 15~20min，以后逐渐延长运动时间。1 月龄时，每天可运动 2 次，共为 1~1.5h；3 月龄以上，每天运动时间不少于 4h。

### （三）分群

犊牛出生后立刻移到犊牛舍单栏饲养，以便精心护理（栏的大小为 1.0~1.2m²），饲养 7~10d 后转到中栏饲养，每栏 4~5 头。2 月龄以上放入大栏饲养，每栏 8~10 头。犊牛应在 10 日龄前去角，以防止相互顶伤。

### （四）护理

每天要注意观察犊牛的精神状态、食欲和粪便，若发现有轻微下痢时，应减少喂奶量，可在奶中加水 1~2 倍稀释后饲喂；下痢严重时，暂停喂奶 1~2 次，并报请兽医治疗。每天用软毛刷子刷拭牛体 1~2 次，以保持牛体表清洁，促进血液循环，并使人畜亲和，便于接受调教。

# 第三节　育成牛的饲养与管理

## 一、育成牛的饲养

育成牛是指断奶至第一次产犊前的小母牛或开始配种前的小公牛。育成阶段的母牛，日粮以青、粗饲料为主，补喂适量精饲料，以继续锻炼和提高消化器官的功能。一岁前的幼牛，干草和多汁料约占日粮有效能的 65%～75%，精料占 25%～35%。1 岁以后的牛，干草和多汁料应占 86%～90%，精料 10%～15%。粗料品质较差时，可适当提高精料比例。冬季干草的利用约每 100kg 体重为 2.2～2.5kg。其中的半数可用青贮料或块根类或叶茎多汁料代替，以每千克干草约相当于 3～4kg 青贮料、5kg 的块根类饲料或 8～9kg 的叶菜类饲料计算，并根据精料品质和牛的月龄、体质，每日补充 1.0～1.5kg 精料。第一次分娩前 3～4 个月应酌情将精料增至 2～3kg，以满足胎儿发育和母体储存营养的需要。但也要防止母牛孕期过肥，以免难产。

## 二、育成牛的管理

犊牛满 6 月龄转入育成牛舍（或称青年牛舍），应根据大小分群，专人饲养，每人可饲养育成牛 30 头左右。应定期测量育成牛体尺、体重，以检查生长发育情况。

育成牛要有充足的运动，以锻炼其肌肉和内脏器官，促进血液循环，加强新陈代谢，增强机体对环境的适应能力。

刷拭有利于皮肤卫生，每天应刷拭 1～2 次。

育成牛一般在 16～18 月龄、体重 375～400kg 时配种。受胎后 5～6 个月开始按摩乳房，以促进乳腺组织发育并为产犊后接受挤奶打下基础。每天按摩 1 次，每次 3~5min，至产前半个月停止按摩。

育成牛要训练拴系、定槽、认位，以利于日后挤奶管理。要防止牛只互相吸吮乳头，发现有这种恶习的牛应及时淘汰。

# 第四节 乳用牛的生产

## 一、影响奶牛产奶性能的因素

牛乳的形成要经过采食、消化、吸收、循环等一系列的生理生化反应过程，几乎涉及全身各个系统，加之产奶性状受多基因所控，因此影响奶牛产奶性能的因素是多方面的。归纳起来有遗传、生理与环境三大因素。

### （一）遗传因素

主要是品种与个体两个方面。品种不同，乳用性能差异较大。同一品种的不同个体，即使环境条件相同，也会因个体间遗传基础、体重、性格、采食特性等方面的差异，而使泌乳性能产生很大的差异。

### （二）生理因素

年龄与胎次、泌乳期、挤奶与按摩乳房、发情与妊娠、干乳期及母牛的健康状况等因素都会影响牛的泌乳性能。

奶牛的产奶量随着年龄和胎次的增加会发生规律性的变化，成年时达泌乳高峰，之后随着年龄和胎次的增加，产奶量逐步下降。奶牛在一个泌乳期内，产奶量也呈规律性的变化，刚产犊时产奶量较低，产后 1 个月左右可达产奶量的高峰期，持续 1~2 个月后，产奶量便开始下降。正确的挤奶和按摩乳房对提高奶牛的泌乳性能至关重要。母牛发情时产奶量会出现暂时性的下降。妊娠对牛乳的成分影响较小，但对产奶量影响较大，尤其是妊娠后期会使产奶量显著下降直至干乳。适时干乳加上良好的饲养管理，会提高下一个泌乳期的产奶量。母牛患病或健康受损时，正常的生理功能受到破坏，会使产奶量下降，乳成分发生变化，泌乳系统和消化道疾病影响尤甚。

### （三）环境因素

饲养管理和产犊季节是最为重要的两个因素。饲养方式、饲喂方法、挤奶技术、饲粮结构、营养水平、卫生管理等都会对泌乳性能产生直接影响，饲料条件尤为重要。此外，温度、季节、气候、放牧等因素也会影响母牛的泌乳性能。

## 二、泌乳母牛的管理

### （一）产前产后护理

母牛临产前 7d 左右要对产房进行消毒，铺上新鲜垫草。再将牛体进行消毒，先把牛尾用绳系吊于脖上，再用 1% 的来苏儿水或 0.1% 的高锰酸钾水消毒后躯，刷拭干净后入产房。母牛分娩时，要注意做好以下 4 件事。

（1）揩掉犊牛口中黏液，揩干身体。

（2）断脐带，留 10cm，消毒后用纱布包上结扎。

（3）当胎衣掉出后不要撞断，任其自行脱出。

（4）给母牛饮清洁温水。

### （二）运动、刷拭和护蹄

乳牛除了每天坚持 2~3h 的户外驱赶运动外，还应在每次挤奶喂饲后，在运动场上逍遥活动，以增强体质。乳牛还应坚持每天刷拭 1~2 次，一般在挤奶前进行，刷拭顺序是由前到后，由一侧到另一侧，先逆毛后顺毛刷，夏天水刷为主，冬天干刷为主，以保持皮肤清洁，促进新陈代谢，改善血液循环。

当乳牛出现畸形蹄时，会妨碍运动，降低产奶量，缩短利用年限，因此要加强护蹄。即随时清除污物，保持蹄壁蹄叉洁净。为防止蹄壁破裂，可常涂凡士林油；蹄尖过长应及时削去，一般每年春秋各一次，以及时矫正变形蹄。

**（三）挤奶技术**

挤奶有手工和机器两种方法。无论采用哪种方法，都必须具有熟练和正确的挤奶技术，才能充分发挥奶牛的生产潜力，获得量多质优的牛奶，并防止发生乳房炎。

1. 挤奶前的准备

（1）工具准备。挤奶必备的专用工具有：奶桶、盛奶桶、清洁乳房水桶、过滤纱布、毛巾、肥皂、小凳、记录本、秤、工作服、胶靴等。

（2）清洗乳房。清洗乳房可保证乳汁清洁，促进乳静脉怒张，加快乳腺分泌乳汁和排乳速度，提高产奶量。清洁乳房的水温以 $45 \sim 50$℃ 为宜。

（3）按摩乳房。按摩乳房是对乳房的一种物理刺激，可在挤奶前和挤奶过程中进行。方法是，从上向下，从后向前反复按摩揉搓，等乳房显著膨胀，说明排乳反射已经开始，应立即挤奶。挤奶至最后阶段再按摩乳房一次，把乳房中的剩余乳全部挤出。

2. 挤奶方法

（1）手工挤奶。手工挤奶方法有以下两种。

①拳握法。即用拇指与食指握紧乳头基部，然后用中指、无名指和小指顺次自上而下的压榨乳头，通过有节奏的一紧一松连续地进行，将乳汁挤出。

②滑下法。即用拇指与食指夹紧乳头，由上而下滑动，两手反复进行，把乳汁挤出。这种方法由于手指往往接触乳汁，

既影响乳汁卫生，又易使乳头损伤和变形，因此除乳头特别小的母牛外，一般不宜采用此法。

手工挤乳要求动作熟练，用力均匀，在挤奶开始和将近结束前，挤奶速度可先稍缓慢，中间宜快，要求每分钟80~120次、挤出奶1~1.5kg。每次挤出的头几滴奶常有细菌污染，应挤入专门的桶内。

（2）机器挤奶。机器挤奶是利用真空造成乳头外部压力低于乳头内部压力的环境，使乳汁排出。机器挤奶速度快，能减轻劳动强度、节省劳力和提高奶的质量。一般从给母牛洗乳房开始到挤完奶御下机器，只要1~3min就可完成。但使用机器挤奶，除需要专门培训工人熟练掌握机器设备的性能和使用方法等技术外，还应对母牛进行训练，使之适应机器挤奶。

**（四）鲜奶的卫生处理**

牛奶是一种营养丰富、容易消化吸收的优质食品，同时牛奶也是病原微生物的优良培养基，当它一旦被污染后，病原菌就从中迅速繁殖，成为传播疾病的根源。因此，必须将鲜奶进行卫生处理。

1. 鲜奶品质检查

通过视觉观察鲜奶的颜色。正常鲜奶为白色或微带黄色的不透明液体，并带有乳香味。若发现有红色、绿色或酸臭、腥等异味，则均为异常奶。还可采用牛奶密度计测定鲜奶20℃时的相对密度，若牛奶中掺了水，则相对密度降低。

2. 鲜奶净化

当每头乳牛的乳汁称重后，就进行过滤，用金属过滤筛将落入乳中的皮垢、牛毛、草屑、料渣等污秽物滤出。筛分两层，中间垫放脱脂棉，脱脂棉必须常更换，否则反而会增加污染。若无过滤器，可用3~4层纱布过滤。

### 3. 鲜奶的冷却消毒

鲜奶不论在消毒前或消毒后，都应进行冷却。冷却的温度越低，保存的时间越长。利用冷库、冰箱将鲜奶保藏冷却最理想。大型乳牛场的鲜奶，通常采用排管式冷却器冷却。小型乳牛场可采用水池冷却，即把鲜奶装入桶，将奶桶放入水池内浸泡降温。也可将奶桶吊在水井里冷却。

为了保证牛奶不变质，在鲜奶送到饮用者手中之前，应先经消毒处理。较好的方法是巴斯德氏消毒法。即将鲜奶引入有隔层的巴氏灭菌器（消毒锅），然后在隔层中间通入蒸气，加热到65℃，并保持30min，再迅速冷却到4℃以下。

这种方法的优点是既能杀灭大多数病菌，又能最大限度地保持牛奶原有的特性和营养价值。

## 第五节　肉牛的生产

随着消费水平的提高，人们对牛肉和优质牛肉的需求急剧增加，育肥高档肉牛，生产牛肉，具有十分显著的经济效益和广阔的发展前景。为到达高的牛肉量、高屠宰率，在肉牛的育肥饲养管理技术上有着严格的要求。

### 一、牛肉的基本要求

所谓牛肉，是指能够作为高档食品的优质牛肉，如牛排、烤牛肉、肥牛肉等。优质牛肉的生产，肉牛屠宰年龄在 12～18 月龄的公牛，屠宰体重 400～500kg。牛肉的生产，屠宰体重600kg 以上，以阉牛育肥为最好；牛肉在满足牛肉嫩度剪切值 3.62kg 以下、大理石花纹 1 级或 2 级、质地松弛、多汁色鲜、风味浓香的前提下，还应具备产品的安全性即可追溯性以及产品的规模化、标准化、批量化和常态化。高档肉牛经过高标准的育肥后其屠宰率可达 65%~75%，其中牛肉量可占到胴体重的 8%~12%，或是活体重的 5% 左右。85% 的牛肉可作为优质牛肉，少量为普通牛肉。

### （一）品种与性别要求

牛肉的生产对肉牛品种有一定的要求，不是所有的肉牛品种，都能生产出牛肉。经试验证明某些肉牛品种如西门塔尔、婆罗门等品种不能生产出牛肉。目前国际上常用安格斯、日本和牛、墨累灰等及以这些品种改良的肉牛作为牛肉生产的材料。国内的许多地方品种如秦川牛、晋南牛、鲁西牛、南阳牛、延边牛、郏县红牛、复州牛、渤海黑牛、草原红牛、新疆褐牛、三河牛、科尔沁牛等品种适合用于牛肉的生产。或用地方优良品种导入能生产牛肉的肉牛品种生产的杂交改良牛可用于牛肉的生产。

生产牛肉的公牛必须去势，因为阉牛的胴体等级高于公牛，而阉牛又比母牛的生长速度快。母牛的肉质最好。

### （二）育肥时间要求

牛肉的生产育肥时间通常要求在 18~24 个月，如果育肥时间过短，脂肪很难均匀地沉积于优质肉块的肌肉间隙内，如果育肥牛年龄超过 30 月龄，肌间脂肪的沉积要求虽到达了牛肉的要求，但其牛肉嫩度很难到达牛肉的要求。

### （三）屠宰体重要求

屠宰前的体重到达 600~800kg，没有这样的宰前活重，牛肉的品质达不到高档级标准。

## 二、育肥牛营养水平与饲料要求

7~13 月龄日粮营养水平：粗蛋白 12%~14%，消化能 3.0~3.2Mcal/kg，或总可消化养分在 70%。精料占体重

1.0%～1.2%，自由采食优质粗饲料。

14～22 月龄日粮营养水平：粗蛋白 14%～16%，消化能 3.3～3.5Mcal/kg，或者总可消化养分 73%。精料占体重 1.2%～1.4%，用青贮和黄色秸秆搭配粗饲料。

23～28 月龄日粮营养水平：日粮粗蛋白 11%～13%，消化能 3.3～3.5Mcal/kg，或者总可消化养分 74%，精料占体重 1.3%～1.5%，此阶段为肉质改善期，少喂或不喂含各种能加重脂肪组织颜色的草料，例如黄玉米、南瓜、红胡萝卜、青草等。改喂使脂肪白而坚硬的饲料，例如麦类、麸皮、麦糠、马铃薯和淀粉渣等，粗料最好用含叶绿素、叶黄素较少的饲草，例如玉米秸、谷草、干草等。在日粮变动时，要注意做到逐渐过渡。一般要求精料中麦类大于 25%、大豆粕或炒制大豆大于 8%，棉粕（饼）小于 3%，不使用菜籽饼（粕）。

按照不同阶段制定科学饲料配方，注意饲料的营养平衡，以保证牛的正常发育和生产的营养需要，防止营养代谢障碍和中毒疾病的发生。

### 三、肉牛育肥的饲养管理技术

#### （一）育肥公犊标准和去势技术

标准犊牛：①胸幅宽，胸垂无脂肪、呈"V"字形；②育肥初期不需重喂改体况；③食量大、增重快、肉质好；④闹病少。不标准犊牛：①胸幅窄，胸垂有脂肪、呈"U"字形；②育肥初期需要重喂改体况；③食量小、增重慢、肉质差；④易患肾、尿结石，突然无食欲，闹病多。

用于生产牛肉的公犊，在育肥前需要进行去势处理，应严格在 4~5 月龄（4.5 月龄阉割最好），太早容易形成尿结石，太晚影响牛肉等级。

### （二）饲养管理技术

1. 分群饲养

按育肥牛的品种、年龄、体况、体重进行分群饲养，自由活动，禁止拴系饲养。

2. 改善环境、注意卫生

牛舍要采光充足，通风良好。冬天防寒，夏天防暑，排水通畅，牛床清洁，粪便及时清理，运动场干燥无积水。要经常刷拭或冲洗牛体，保持牛体、牛床、用具等的清洁卫生，防止呼吸道、消化道、皮肤及肢蹄疾病的发生。舍内垫料多用锯末子或稻皮子。饲槽、水槽3~4天清洗1次。

3. 充足给水、适当运动

肉牛每天需要大量饮水，保证其洁净的饮用水，有条件的牛场应设置自动饮水装置。如由人工喂水，饲养人员必须每天按时供给充足的清洁饮水。特别在炎热的夏季，供给充足的清洁饮水是非常重要的。同时，应适当给予运动，运动可增进食欲，增强体质，有效降低前胃疾病的发生。沐浴阳光，有利育肥牛的生长发育，有效减少狗偻病发生。

4. 刷拭、按摩

在育肥的中后期，每天对育肥牛用毛刷、手对其全身进行刷拭或按摩2次，来促进体表毛细血管血液的流通量，有利于脂肪在体表肌肉内均匀分布，在一定程度上能提高牛肉的产量，这在牛肉生产中尤为重要，也是最容易被忽视的细节。

# 第七章 羊的规模化养殖

## 第一节 羊的经济类型和品种

### 一、绵羊的经济类型

全世界现有绵羊品种 600 多个,按其生产方向可分为细毛羊、半细毛羊、粗毛羊和毛皮用羊四种经济类型。

#### (一)细毛羊

细毛羊全身披满绒毛,产毛量高,腹下毛拖至地面,毛丛结构良好,呈闭合型,毛绒呈有较小而密的半圆形弯曲,毛长 8~12cm,细度达 60~64 支。细毛羊分为毛用、毛肉兼用和肉毛兼用三种。

1. 毛用细毛羊

毛用细毛羊每千克体重可产净毛 50g 以上,公羊有发达的螺旋形角,母羊无角,颈部有 2~3 个皱褶,体躯有明显皱褶,头和四肢绒毛覆盖度好,产净毛较多。如引入的苏联美利奴羊、斯塔夫洛波羊、澳洲美利奴羊及中国美利奴羊等。

2. 毛肉兼用细毛羊

毛肉兼用细毛羊每千克体重可产净毛 40~50g,绝对产毛量不低于毛用细毛羊。此种羊体格较大,肌肉发达,公羊有螺旋形角,颈部有 1~2 个皱褶。母羊无角,颈部有发达的纵皱權。如引入的高加索羊、阿斯卡尼羊和我国育成的新疆细毛羊、东北细毛羊、内蒙古细毛羊、敖汗细毛羊等。我国育成的品种耐粗饲、耐寒暑、适应性好、抗病力强，但其外貌的一致性、产毛量及毛的品质等方面还有待改进和提高。

3. 肉毛兼用细毛羊

肉毛兼用细毛羊体躯宽深，肌肉发达。颈部和体躯缺乏皱褶，较早熟，每千克体重产净毛 30～40g，屠宰率 50% 以上。如德国美利奴羊和泊列考斯羊等。

（二）半细毛羊

半细毛羊品种分为三类，第一类为我国地方良种，如同羊和小尾寒羊，其羊毛品质接近半细毛羊，但产毛量低于现代育成的半细毛羊。第二类为早熟肉用半细毛羊，此品种大部分由英国育成，可分为中毛肉用羊（如南丘羊、陶赛特羊等）和长毛肉用羊（如林肯羊、罗姆尼羊、边区莱斯特羊等），前者早熟、肉质优美、屠宰率高、毛细而短，后者毛较粗、长，肉用性能良好。第三类为杂交型半细毛羊，是以长毛种半细毛羊和细毛羊为基础杂交育成的，如考力代羊、茨盖羊。

（三）粗毛羊

粗毛羊的被毛为异质毛，由多种纤维类型所组成（包括无髓毛、两型毛、有髓毛、干毛及死毛）。粗毛羊均为地方品种，缺点为产毛量低、羊毛品质差、工艺性能不良等，但也具有适应性强、耐粗放的饲养管理条件及严酷的气候条件、皮和肉的性能好等优点，特别是夏秋牧草丰茂季节的抓膘能力强，并能在体内贮积大量脂肪供冬春草枯季节消耗用，如蒙古羊、西藏羊、哈萨克羊等。

（四）毛皮用羊

主要用于生产毛皮，耐干旱、炎热和粗饲，如卡拉库尔羊、湖羊、滩羊。

## 二、羊的主要品种

### (一) 绵羊的主要品种

1. 细毛羊品种

(1) 澳洲美利奴羊。原产于澳大利亚和新西兰，是世界上最著名的细毛羊品种。

澳洲美利奴羊体型近似长方形，腿短，体宽，背部平直，后躯肌肉丰满，公羊颈部有 1~3 个发育完全或不完全的横皱褶，母羊有发达的纵皱褶。该品种羊的毛被、毛丛结构良好，毛密度大，细度均匀，油汗白色，弯曲均匀、整齐而明显，光泽良好。羊毛覆盖头部至两眼连线，前肢至腕关节或以下，后肢至飞节或以下。根据体重、羊毛长度和细度等指标的不同，澳洲美利奴羊分为超细型、细毛型、中毛型和强毛型 4 种类型，而在中毛型和强毛型中又分为有角系与无角系两种。

细毛型品种，成年公羊体重 60 ~ 70kg，产毛量 7.5 ~ 8.5kg；细度 64~70 支，长度 7.5~8.5cm；成年母羊，剪毛后体重 33 ~ 40kg，细度 64 ~ 70 支，长度 7.5 ~ 8.5cm。产毛量 7.5~8.5kg。

(2) 波尔华斯羊。原产于澳大利亚维多利亚州的西部地区。成年公羊体重 56~77kg，成年母羊 45~56kg。成年公羊剪毛量 5.5~9.5kg，成年母羊 3.6~5.5kg。毛长 10~15cm。细度 58~60 支。弯曲均匀，羊毛匀度良好。

(3) 前苏联美利奴羊。产于前苏联，是前苏联数量最多、分布最广的细毛羊品种。主要分为两个类型：毛肉兼用型和毛用型。毛肉兼用型羊很好地结合了毛和肉的生产性能，有结实的体质和对西伯利亚严酷自然条件很好的适应性能，成熟较早。毛用型羊产毛量高，羊毛的细度、强度、匀度等品质均比较好；但羊肉品质和早熟性较差，体格中等，剪毛后体躯上可见小皱褶。苏联美利奴成年公羊的体重平均为 101.4kg，母羊 54.9kg；成年公羊剪毛量平均为 16.1kg，母羊 7.7kg。毛长 8~9cm，细度以 54 支左右。

（4）中国美利奴羊。原产于新疆维吾尔自治区、内蒙古自治区和吉林省。按育种场所在地区分为新疆型、新疆军垦型、科尔沁型和吉林型。

中国美利奴羊的育种工作从 1972 年开始，主要是以澳洲美利奴公羊与波尔华斯母羊杂交，在新疆地区还选用了部分新疆细毛羊和军垦细毛羊的母羊参与杂交育种。经过 13 年的努力，于 1985 年育成，同年经国家经委命名为"中国美利奴羊"。这是我国培育的第一个毛用细毛羊品种。

中国美利奴羊体质结实、体型呈长方形。头毛密长、着生至眼线，外型似帽状。鬐甲宽平、胸宽深、背平直、尻宽面平，后躯丰满。赚部皮肤宽松，四肢结实，肢势端正。公羊有螺旋形角，少数无角，母羊无角。公羊颈部有 1~2 个横皱褶，母羊有发达的纵皱褶。无论公、母羊体躯均无明显的皱褶。被毛呈毛丛结构，闭合良好，密度大，全身被毛有明显的大、中弯曲。细度 60~64 支，毛长 7~12cm，各部位毛丛长度和细度均匀，前肢着生至腕关节，后肢至飞节，腹毛着生良好。成年公羊剪毛后体重 91.8kg，原毛产量 17.37kg；成年母羊剪毛后体重 40~45kg，原毛产量 6.4~7.2kg。

（5）新疆毛肉兼用细毛羊。简称新疆细毛羊，产于新疆维吾尔自治区。于 1954 年在新疆巩乃斯种羊场育成。在新疆细毛羊的育种中，用高加索、泊列考斯羊为父本与当地哈萨克羊和蒙古羊为母本采用复杂的育成杂交培育而成。是我国育成的第一个细毛羊品种。

新疆细毛羊公羊大多数有螺旋形角，母羊无角。公羊的鼻梁微有隆起，母羊鼻梁呈直线或几乎呈直线。公羊颈部有 1～2 个完或不完全的横皱褶，母羊颈部有一个横皱褶或发达的纵皱褶。体躯无皱，皮肤宽松，体质结实，结构匀称，胸部宽深，背直而宽，腹线平直，体躯长深，后躯丰满，四肢结实，蹄质致密，肢势端正。被毛白色，闭合性良好，有中等以上密度。有明显的正常弯曲，细度为 60～64 支。体侧部 12 个月毛长在 7cm 以上，各部位毛的长度和细度均匀。细毛着生头部至眼线，前肢至腕关节，后肢达飞节或飞节以下，腹毛较长，呈毛丛结构，没有环状弯曲。成年公羊体重 93.6kg，剪毛量 12.42kg；成年体重母羊 48.29kg，剪毛量 5.46kg。

（6）东北毛肉兼用细毛羊。简称东北细毛羊。产于我国东北三省，内蒙古、河北等华北地区也有分布。东北细毛羊是用苏联美利奴、高加索、斯达夫洛波、阿斯卡尼和新疆等细毛公羊与当地杂种母羊育成杂交，经多年精心培育，严格选择，加强饲养管理，于 1967 年育成。

东北细毛羊体质结实，体格大，体形匀称。体躯无皱褶，皮肤宽松，胸宽紧，背平直，体躯长，后躯丰满，肢势端正。公羊有螺旋形角，颈部有 1～2 个完全或不完全的横皱褶。母羊无角，颈部有发达的纵皱褶。被毛白色，闭合良好，有中等以上密度，体侧部 12 个月毛长 7cm 以上（种公羊 8cm 以上），细度 60～64 支。细毛着生到两眼连线，前肢至腕关节，后肢达飞节，腹毛长度较体侧毛长度相差不少于 2cm。呈毛丛结构，无环状弯曲。成年公羊剪毛后体重 99.31kg，剪毛量 14.59kg；成年母羊体重为 50.62kg，剪毛量 5.69kg。

（7）青海毛肉兼用细毛羊。简称青海细毛羊，是用新疆细毛羊、高加索细毛羊、萨尔细毛羊为父本，当地的西藏羊为母本，采用复杂育成杂交于 1976 年培育而成。

青海细毛羊体质结实，结构匀称，公羊多有螺旋形的大角，母羊无角或有小角，公羊颈部有 1~2 个明显或不明显的横皱褶，母羊颈部有纵皱褶。细毛着生头部到眼线，前肢至腕关节，后肢达飞节。被毛纯白弯曲正常，被毛密度密，细度为 60~64 支。成年种公羊剪毛前体重 80.81kg，毛长 9.62cm，剪毛量 8.6kg，成年母羊剪毛前体重 64kg，毛长 8.67cm，剪毛量 6.4kg。

2. 半细毛羊品种

（1）夏洛来羊。原产于法国。胸宽而深，肋部拱圆，背部肌肉发达，体躯呈圆桶状，肉用性能好。被毛同质、白色。毛长 4~7cm，毛纤维细度 50~58 支。成年公羊剪毛量 3~4kg，成年母羊 1.5~2.2kg。

夏洛来羊生长发育快，一般 6 月龄公羊体重 48~53kg，母羊 38~43kg。成年公羊体重 100~150kg，成年母羊 75~95kg。胴体质量好，瘦肉多，脂肪少。产羔率高，经产母羊为 182.37%，初产母羊为 135.32%。

20 世纪 80 年代以来，内蒙古、河北、河南等地先后数批引入夏洛来羊。根据饲养观察，夏洛来羊采食力强，不挑食，易于适应变化的饲养条件。

（2）茨盖羊。茨盖羊原产于前苏联的乌克兰地区。羊体质结实，体格大。公羊有螺旋形角，母羊无角或只有角痕。胸深，背腰较宽而平。毛被覆盖头部至眼线。毛色纯白，少数个体在耳及四肢有褐色或黑色斑点。成年公羊体重为 80.0~90.0kg，剪毛量 6.0~8.0kg；成年母羊体重 50.0~55.0kg，剪毛量 3.0~4.0kg。毛长 8~9cm，细度 46~56 支。

（3）罗姆尼羊。原产于英国东南部的肯特郡，又称肯特羊。英国罗姆尼羊四肢较高，体躯长而宽，后躯比较发达，头型略显狭长，头、肢被毛覆盖较差，体质结实，骨骼坚强，放牧游走能力好。新西兰罗姆尼羊为肉用体型，四肢矮短，背腰平直，体躯长，头、肢被毛覆盖良好，但放牧游走能力差，采食能力不如英国罗姆尼羊。

（4）同羊。也叫同州羊。体质结实，体躯侧视呈长方形。公羊体重60~65kg，母羊体重40~46kg。头颈较长，鼻梁微隆，耳中等大。公羊具小弯角，角尖稍向外撇，母羊约半数有小角或栗状角。前躯稍窄，中躯较长，后躯较发达。四肢坚实而较高。尾大如扇，有大量脂肪沉积，以方形尾和圆形尾多见，另有三角尾、小圆尾等。全身主要部位毛色纯白，部分个体眼圈、耳、鼻端、嘴端及面部有杂色斑点或少量杂色毛，面部和四肢下部为刺毛覆盖，腹部多为异质粗毛和少量刺毛覆盖。基本为全年发情，仅在酷热和严寒时短期内不发情。性成熟期较早，母羊5~6月龄即可发情配种，怀孕期145~150d。平均产羔率190%以上。每年产2胎，或2年产3胎。

（5）小尾寒羊。主要分布在山东和河北省境内。该品种羊生长发育快，早熟，肉用性能好，是进行羊肉生产特别是肥羔生产的理想品种，被毛白色者居多、异质。成年公羊体重94.15kg，成年母羊48.75kg。该品种具有早熟、多胎、多羔、生长快、体格大、产肉多、裘皮好、遗传性稳定和适应性强等优点。母羊一年四季发情，通常是两年产3胎，有的甚至是一年产两胎，每胎产双羔、三羔者屡见不鲜，产羔率平均270%，居我国地方绵羊品种之首。

3. 粗毛羊

（1）蒙古羊。为我国三大粗毛羊品种之一。是我国分布最广的一个绵羊品种，原产于内蒙古自治区，主要分布在内蒙古自治区，其次在东北、华北、西北各省。成年公羊体重69.7kg，剪毛量1.5~2.2kg；成年母羊54.2kg，剪毛量1~1.8kg。

（2）西藏羊。又称藏羊，原产于青藏高原，主要分布在西藏、青海、甘肃、四川及云南、贵州两省的部分地区。

藏羊体躯被毛以白色为主，被毛异质，两型毛含量高，毛辫长，弹性大，光泽好，以"西宁大白毛"而著称，是织造地毯、提花毛毯、长毛绒等的优质原料，在国际市场上享有很高的声誉。成年公羊体重 44.03 ~ 58.38kg，成年母羊 38.53 ~ 47.75kg。剪毛量，成年公羊 1.18 ~ 1.62kg，成年母羊 0.75 ~ 1.64kg。母羊每年产羔一次，每次产羔一只，双羔率极少。

藏羊由于长期生活在较恶劣的环境下，具有顽强的适应性，体质健壮，耐粗放的饲养管理等优点，同时善于游走放牧，合群性好。但产毛量低，繁殖率不高。

（3）哈萨克羊。原产于新疆维吾尔自治区，主要分布在新疆境内，甘肃、新疆、青海三省（区）交界处也有分布。

哈萨克羊毛色杂，被毛异质。成年公羊体重 60.34kg，剪毛量 2.03kg；成年母羊体重重 45.8kg，剪毛量 1.88kg。

哈萨克羊体大结实，耐寒耐粗饲，生活力强，善于爬山越岭，适于高山草原放牧。脂尾分成两瓣高附于臀部。

4. 毛皮用羊

（1）卡拉库尔羊。产于原苏联中亚地区。毛以黑色为主，彩色卡拉库尔羔皮尤为珍贵。卡拉库尔羊耐干旱、耐炎热、耐粗饲。

（2）湖羊。产于浙江、江苏的太湖地区。湖羊生长快、早熟、繁殖力强、泌乳量高，平均产羔率207.5%。耐高温、高湿，适应性和抗病力强，生后 1 ~ 2d 剥取的湖羊羔皮品质优良。成年公羊产毛量 2kg，母羊产毛量 1.2kg，毛长 5 ~ 7cm，毛白色。

（3）滩羊。产于宁夏及邻近地区，属二毛裘皮羊品种。滩羊耐粗耐旱，产羔率为101% ~ 103%，春秋两季剪毛量平均公羊为 1.60~2.0kg，母羊 1.50~1.80kg。滩羊毛是我国传统出口商品，其肉细嫩无膻味。

**（二）山羊的主要品种**

我国饲养的山羊品种繁多，可分为乳用山羊、裘羔皮用山羊、肉绒用山羊和普通山羊。

1. 萨能山羊

原产于瑞士，是世界著名的乳用山羊，国内外许多奶山羊都含有其血液，在我国饲养表现良好。

萨能羊全身白色或淡黄色，轮廓明显，细致紧凑，公母羊均无角有须，公羊颈粗短，母羊颈细长扁平，体躯深广，背长直、乳房发育良好。成年公羊体重 75~100kg，母羊 50~60kg，产羔率 160%~220%，泌乳期 8~10 个月，年产乳量 600~700kg，乳脂率 3.2%~4.2%。

2. 关中奶山羊

产于陕西省关中地区。系用萨能山羊与本地母山羊杂交育成的品种。其外形似萨能山羊，成年公羊体重 85~100kg，母羊 50~55kg，泌乳 6~8 个月，产奶量 400~700kg，乳脂率 3.5%左右，产羔率 160%左右，经选育，质量有显著提高。

3. 中卫沙毛山羊

产于宁夏、甘肃，是世界上唯一珍贵的裘皮山羊品种。中卫山羊体躯短深，体质结实，耐粗饲，耐寒暑，抗病力强。公母羊均有角和须，公羊角大呈半螺旋形的抢状弯曲，母羊角呈镰刀状。中卫山羊以两型毛为主，成年公羊体重为 54.25kg 左右，产绒量 164~200g；成年母羊体重为 37kg 左右，产绒量 140~190g，屠宰率 46.4%，产羔率 106%。

4. 辽宁绒山羊

产于辽东半岛。体质结实，结构匀称，被毛纯白，成年公羊平均产绒 540g，母羊产绒 470g，绒长 5.5cm，属我国产绒量最高的品种。产肉性能较好，屠宰率 50% 左右，净肉率 35%~37%，产羔率为 110%~120%。近年来经杂交改良，产绒量有显著提高。

5. 内蒙古绒山羊

原产于内蒙古自治区。该品种公、母羊均有角，体躯较长，紧凑。全身被毛白色，分为长细毛型和短粗毛型，以短粗毛型的产绒量为高。成年公羊体重 45~52kg，产绒量 400g；成年母羊 36~45kg，产绒量 360g。多产单羔，产羔率 100%~105%。屠宰率 40%~50%。

# 第二节　幼羊的生产

## 一、羔羊的培育

羔羊的哺乳期一般为 4 个月，在这期间应加强管理，精心饲养，提高羔羊的成活率。

### （一）母子群的护理

对羔羊采取小圈、中圈和大圈进行管理，是培育好羔羊的有效措施。母子在小圈（产圈）中生活 1~3d，便于观察母羊和羔羊的健康状况，发现有异常立即处理。接着转入中圈生活 3 周，每个中圈可养带羔母羊由 15 只渐增至 30 只。3 周后即可入大圈饲养，每个大圈饲养的带羔母羊数随牧地的地形和牧草状况而有所不同，草原较多，可达 100~150 只，而丘陵和山地较少处为 20~30 只。

### （二）母子群的放牧和补饲

羔羊生后 5~7d 起，可在运动场上自由活动，母羊在近处放牧，白天哺乳 2~3 次，夜间母子同圈，充分哺乳。3 周龄后可在近处母子同牧，也可将母羊和羔羊分群放牧，中午哺乳一次，晚上母子同圈，充分哺乳。

羔羊 10 日龄开始补喂优质干草，并逐渐增加喂量，以锻炼其消化器官，提高消化机能。同时，在哺乳前期亦应加强母羊的补饲，以提高其泌乳量，使羔羊获得充足的营养，有利于生长发育。

（三）断乳

羔羊一般在 4 月龄断乳。羔羊断乳的方法有一次性断乳和逐渐断乳两种。后者虽较麻烦，但能防止得乳房炎。断乳时，把母羊抽走，羔羊留原圈饲养，待羔羊习惯后再按性别、强弱分群。断乳后母羊圈与羔羊圈以及它们的放牧地，都尽可能相隔远一些，使母羊和羔羊能尽快安静，恢复正常生活。

**二、育成羊的培育**

育成羊是指从断乳到第一次配种前的羊（即 5~18 月龄的羊）。羔羊断奶后正处在迅速生长发育阶段，此时若饲养不精心，就会导致羊只生长发育受阻，体型窄浅，体重小，剪毛量低等缺陷。因此，对育成羊要加强饲养管理。断乳初期要选择草长势较好的牧地放牧并坚持补饲；夏季注意防暑、防潮湿；秋季抓好秋膘；冬春季节抓好放牧和补饲。入冬前备足草料，育成羊除放牧外每只每日补料 0.2~0.3kg，留作种用的育成羊，每只每日补饲混合精料 1.5kg。为了掌握羊的生长发育情况，对羊群要随机抽样，进行定期称重（每月 1 次），清晨空腹进行。

# 第三节　绵羊的生产

## 一、放牧绵羊的饲养管理

### (一) 四季放牧要点

四季放牧是指羊群在春、夏、秋、冬四季放牧的方法和草场的选择。

1. 编群

放牧羊群应根据羊的品种、性别、年龄和体质强弱等进行合理编群。羊群的大小，可依草场和羊的具体情况而定，牧区细毛羊及其高代杂种羊 300～500 只一群；半细毛羊及其高代杂种羊 150～200 只一群，羯羊 400～500 只一群，种公羊 20～50 只一群。半农半牧区和山区每群的只数则根据草场大小和牧草的产量和质量相应减少；农区每群羊的数量更少些，一般从几十只到百只，每群由 1～2 名放牧员管理。

2. 春季放牧 (3～5 月中旬)

绵羊经过冬季的严寒和缺草，到春季时身体十分虚弱，牧草又青黄不接，而在我国多数地区，此时还正值羊只的繁殖季节，故春季是羊群的困难时期，应精心放牧，加强补饲，以尽快恢复绵羊的体力，搞好妊娠母羊的保胎工作。

春季放牧要选择距离较近、较好的牧地放牧，尽量减少其体力消耗，并便于在天气突变时迅速回圈。早春出牧前应先补饲干草或先放阴坡的黄草，后放青草，以免跑青及误食毒草。为了防止跑青，要注意控制羊群，拢羊躲青，慢走稳放，多吃少走。晚春当牧草达到适宜高度时，应逐渐增加放牧时间，使羊群多吃，吃饱，为全年放好羊、抓好膘奠定基础。

3. 夏季放牧（5 月下旬至 8 月末）

羊经过春季放牧，身体逐渐得以恢复，到了夏季，日暖天长，牧草茂盛，营养价值高，正是抓膘的好时机。但夏天蚊蝇侵扰，应选择高燥、凉爽、饮水方便的地方放牧，中午天热，羊只易起堆，应及时赶开，或把整个羊群赶到阴凉处休息。

在良好的夏收条件下，羊只身体健壮，促使发情，为夏秋配种做好准备。

4. 秋季放牧（9~10 月）

秋季气候凉爽，日渐变短，牧草开始枯老，草籽成熟。农田中收获后的茬子地有大量的穗头和杂草，羊群食欲旺盛，正是抓膘的大好时机。同时，秋季在我国北方地区正是绵羊配种季节，抓好秋膘是提高受胎率、产羔率和为羊群越冬度春奠定物质基础的重要措施，在我国南方正是母羊怀孕后期，抓好秋膘是提高羔羊初生重、提高母羊泌乳量及羔羊品质的重要措施。

秋季应选牧草茂盛，草质良好的牧地放牧，并尽可能放茬地，以便迅速增膘。放牧中要避开有荆棘、带钩种子和成熟羽茅之处，以免挂毛、降低羊毛品质和刺伤羊体。

秋季无霜期间放牧，应早出晚归，中午不休息，以延长放牧时间，使羊群迅速增膘。早霜降临后，应晚出晚归，避开早霜。配种后的母羊群应防止跳越沟壕、拥挤和驱赶过急，以免引起流产。

5. 冬季放牧（12 月至翌年 2 月）

羊群进入冬季草场之后，逐渐趋于夜长昼短、天寒草枯时期，羊体热能消耗量大，同时母羊已怀孕或正值冬季配种期；育成羊进入第一个越冬期。所以保膘、保育、保胎就成了冬季养羊生产的中心任务。冬季放牧要有计划地利用好冬季草场，即在棚舍附近，给怀孕母羊留出足够的草场并加以保护，然后按照先远后近、先阴后阳、先高后低、先沟后平的顺序，合理安排羊群的放牧草场。

冬季放牧应晚出早归，午间不休息，全天放牧，尽量令羊少走路，多吃草，归牧后进行补饲，注意饮水。遇到大风雪天气，可暂停出牧，留圈补饲，以防造成损失。

羊群进入冬季草场前要做好羊群安全过冬准备工作。如加强羊群秋季的抓膘，预留冬季放牧地，储草备料。整顿羊群，修棚搭圈，进行驱虫和检疫等。

### （二）补饲与管理

补草补料是养羊业中一项很重要的工作，尤其对放牧饲养的良种羊补饲更为重要。在生产实践中，应根据羊的营养水平、生理状态和经济价值等具体情况进行合理的补饲。

1. 补饲时期

放牧饲养的羊，从 11 月开始对经济价值高的羊群和瘦弱的母羊进行重点补饲。一般每天每只羊补给干草 1~2kg。进入 1 月以后，对所有羊群要进行补饲。

坚持每日早晚各补喂干草 1~2kg，每天每只补饲混合精料 0.1~0.2kg。

2. 种公羊的补饲与管理

种公羊在全部羊群中数量虽少，但对提高羊群繁殖率和后代的生产性能作用很大，因此，应养好种公羊。种公羊的饲养分为非配种期和配种期两个阶段。

（1）非配种期。非配种期的种公羊应以放牧为主，结合补饲，每天每只喂混合精料 0.4~0.6kg。冬季补饲优质干草 1.5~2.0kg，青贮料及多汁饲料 1.5~2.0kg，分早晚两次喂给。每天饮水不少于 2 次。加强放牧运动，每天游走不少于

10km。羊舍的光线要充足，通风良好，保持清洁干燥。

（2）配种期。配种前45d开始转为配种期饲养管理。此期应供给种公羊富含蛋白质、维生素、矿物质的混合精料和干草。根据种公羊的配种任务确定补饲量。一般每只每天补饲混合精料1~1.5kg干草任意采食，骨粉10g，食盐15~20g，每天分3次喂饲。对采精3次以上的优秀种公羊，每天加喂鸡蛋2~3个或牛奶1~2kg或其他动物性饲料，以提高精液品质。

在加强补饲的同时还要对种公羊进行合理运动，运动不足或过量都会影响精液质量和体质。配种期，应保持种公羊的足够的运动量，炎热天气要充分利用早晚时间运动，采取快步驱赶和自由行走相结合的方法，每天运动2h，行程4km左右。

3. 怀孕母羊的补饲

母羊怀孕后2个月，开始增加精料给量。怀孕后期每天每只补干草1~1.5kg，精料0.5kg。饲料要清洁，不应给冰冻和发霉变质的饲料，不饮冰碴水，以防流产。每天饮水2~3次。

## 二、绵羊的一般管理

### （一）剪毛

细毛羊、半细毛羊每年春季剪毛1次，粗毛羊每年春秋各剪1次。剪毛时间，北方牧区和半农牧区多在5月下旬至6月上旬，南方农区在4月中旬至5月中旬。秋季剪毛多在8月下旬至9月上旬。剪毛时羊只须停食12h以上，并不应捆绑，防止羊胃肠臌胀，剪毛后控制羊只采食。

### （二）断尾

细毛羊、半细毛羊及代数较高的杂种羊在生后1~2周内断尾。常用的断尾方法是热断法，即用烧热的火钳在距尾根5cm处钳断，不用包扎。

### （三）去势

不作种用的公羊，为便于管理，一律去势。一般在生后 2 周左右进行。去势后给以适当运动，但不追逐、不远牧、不过水以免炎症。

### （四）药浴

每年药浴两次，一次是在剪毛后的 1~2 周内进行，另一次在配种前进行。可用 0.3% 敌百虫水或 2% 来苏儿。让羊在药浴池内浸泡 2~3min，药浴水温不低于 20℃。

## 第四节　奶山羊的生产

### 一、母羊妊娠期的饲养管理

母羊妊娠前期胎儿发育缓慢，需要营养物质不多，但要求营养全面。妊娠后期胎儿发育快，应增加 15%~20% 的营养物质，以满足母羊和胎儿发育的需要，使母羊在分娩前体重能增加 20% 以上。分娩前 2~4d，应减少喂料量，尽量选择优质嫩干草饲喂。分娩后的 2~4d，因母羊消化弱，主要喂给优质嫩青干草，精料可不喂。分娩 4d 后视母羊的体况、消化力的强弱、乳房膨胀的情况掌握给料量，注意逐渐地增加。

### 二、母羊产乳期的饲养管理

奶山羊的泌乳期为 9~10 个月。在产乳期母羊代谢十分旺盛，一切不利因素都要排除。在产乳初期，对产乳量的提高不能操之过急，应喂给大量的青干草，灵活掌握青绿多汁饲料和精料的给量，直到 10~15d 后再按饲养标准喂给日粮。奶山羊的泌乳高峰一般在产后 30~45d，高产母羊在 40~70d。进入高峰期后，除喂给相当于母羊体重 2%的青干草和尽可能多的青绿多汁饲料外，再补喂一些精料，以补充营养的不足。如一只体重 50kg、日产奶 3.5kg 的母羊，可采食 1kg 优质干草、4kg 青贮料、1kg 混合精料。每日饮水 3~4 次，冬季以温水为宜。产奶高峰过后，精料下降速度要慢，否则会加速奶量的下降。

挤奶时先要按摩乳房，用奶 40~50℃的温水洗净乳房，用拳握法挤奶。挤奶人员及挤奶用具都要保持清洁，避免灰尘掉入奶中而降低奶的品质。挤奶次数，根据泌乳量的多少而定，一般日产乳量在 3kg 以下者，日挤乳两次，5kg 左右者日挤乳 3 次，6~10kg 者日挤乳 4~5 次，每次挤乳间隔的时间应相等。

### 三、母羊干乳期的饲养管理

干乳期是指母羊不产奶的时期。这时母羊经过 2 个泌乳期的生产，体况较差，加上这个时期又是妊娠的后期。为了使母羊恢复体况储备营养，保证胎儿发育的需要，应停止挤奶。干乳期一般为 60d 左右。

干乳期母羊的饲养标准，可按日产 1.0~1.5kg 奶，体重 60kg 的产奶羊为标准，每天给青干草 1kg、青贮料 2kg、混合精料 0.25~0.3kg。其次，要减少挤奶次数，打乱正常的挤奶时间，增加运动量，这样很快就能干乳。当奶量降下后，最后一次奶要挤净，并在乳头开口处涂上金霉素软膏封口。

# 第八章　畜禽规模化养殖场所的建设

## 第一节　禽场的规划与建设

### 一、禽场的规划与布局

#### （一）禽场场址选择

场址选择必须考虑以下因素：

1. 自然条件

（1）地势地形。禽场应选在地势较高、干燥、平坦、背风向阳及排水良好的场地，以保持场区小气候的相对稳定。

（2）水源水质。禽场要有水量充足和水质良好的水源，同时要便于取用和进行防护。水量充足是指能满足场内人禽饮用和其他生产、生活用水的需要。

（3）地质土壤。沙壤土最适合场区建设。

（4）气候因素。规划禽场时，需要收集拟建地区与建筑设计有关和影响禽场小气候的气候气象资料和常年气象变化、灾害性天气情况等。

2. 社会条件

（1）城乡建设规划。禽场选址应符合本地区农牧业发展总体规划、土地利用发展规划、城乡建设发展规划和环境保护规划。

（2）交通运输条件。交通方便，场外应通有公路，但应远离交通干线。

（3）电力供应情况。有可靠的供电条件，一些家禽生产环节如孵化、育雏、机械通风等电力供应必须绝对保证。同时还需自备发电设备，以保证场内供电的稳定可靠。

（4）卫生防疫要求。为防止禽场受到周围环境的污染，按照畜牧场建设标准，选址时要距离铁路、高速公路、交通干线不小于1km，距一般道路不少于500m，距其他畜牧场、兽医机构、畜禽屠宰厂不小于2km，距居民区不小于3km，且必须在城乡建设区常年主导风向的下风向。

（5）土地征用需要。征用土地可按场区总平面设计图计算实际占地面积（表8-1）。

**表8-1　土地征用面积估算表**

| 场别 | 饲养规模 | 占地面积（m²/只） | 备注 |
|---|---|---|---|
| 种鸡场 | 1万~5万只种鸡 | 0.6~1.0 | 按种鸡计 |
| 蛋鸡场 | 10万~20万只产蛋鸡 | 0.5~0.8 | 按种鸡计 |
| 肉鸡场 | 年出栏肉鸡100万只 | 0.2~0.3 | 按年出栏量计 |

注：引自黄炎坤、吴健，家禽生产，2007

（6）协调的周边环境。禽场的辅助设施，特别是蓄粪池，应尽可能远离周围住宅区，建设安全护栏，并为蓄粪池配备永久性的盖罩。防止粪便发生流失和扩散。建场的同时，最好规划一个粪便综合处理利用厂，化害为利。

**（二）场区规划**

**1. 禽场建筑物的种类**

按建筑设施的用途，禽场建筑物共分为5类，即行政管理用房、职工生活用房、生产性用房、生产辅助用房及粪污处理设施。

2. 场区规划

（1）禽场各种房舍和设施的分区规划。首先考虑办公和生活场所尽量不受饲料粉尘、粪便气味和其他废弃物的污染；其次生产禽群的卫生防疫，为杜绝各类传染源对禽群的危害，依地势、风向排列各类禽舍顺序，若地势与风向在方向上不一致时，则以风向为主。因地势而使水的地面径流造成污染时，可用地下沟改变流水方向，避免污染重点禽舍，或者利用侧风避开主风向，将要保护的禽舍建在安全位置，免受上风向空气污染。

禽场内生活区、行政区和生产区应严格分开并相隔一定距离，生活区和行政区在风向上与生产区相平行，有条件时，生活区可设置于禽场之外。

生产区是禽场布局中的主体，孵化室应和所有的禽舍相隔一定距离，最好设立于整个禽场之外。

（2）禽场生产流程。禽场内有两条最主要的流程，一条流程线是从饲料（库）经禽群（舍）到产品（库），这三者间联系最频繁、劳动量最大；另一条流程线是从饲料（库）经禽群（舍）到粪污（场），其末端为粪污处理场。因此饲料库、蛋库和粪场均要靠近生产区，但不能在生产区内。饲料库、蛋库和粪场为相反的两个末端，因此其平面位置也应是相反方向或偏角的位置。

（3）禽场道路。禽场内道路布局应分为清洁道和脏污道，其走向为孵化室、育雏室、育成舍和成年禽舍，各舍有人口连接清洁道。脏污道主要用于运输禽粪、死禽及禽舍内需要外出清洗的脏污设备，其走向也为孵化室、育雏室、育成舍和成年禽舍，各舍均有出口连接脏污道。清洁道和脏污道不能交叉，以免污染。净道和污道以沟渠或林带相隔。

（4）禽场的绿化。绿化布置能改善场区的小气候和舍内环境，有利于提高生产率。进行绿化设计必须注意不可影响场区通风和禽舍的自然通风效果。

## 二、禽舍建设及内部设施

### （一）家禽舍的类型

1. 开放式

舍内与外部直接相通，可利用光、热、风等自然能源，建筑投资低，但易受外界不良气候的影响。通常有以下三种形式：

（1）全敞开式。又称棚式，即四周无墙壁，用网、篱笆或塑料编织物与外部隔开，由立柱支撑房顶。这种家禽舍通风效果好，但防暑、防雨、防风效果差。

（2）半敞开式。前墙和后墙上部敞开，敞开的面积取决于气候条件及家禽舍类型，敞开部分可以装上卷帘，高温季节便于通风，低温季节封闭保温。

（3）有窗式。四周用围墙封闭，南北两侧墙上设窗户作为进风口。该种家禽舍既能充分利用阳光和自然通风，又能在恶劣的气候条件下实现人工调控室内环境，兼备了开放与密闭式禽舍的双重特点。

2. 密闭式

屋顶与四壁隔温良好，通过各种设备控制与调节作用，使舍内小气候适宜于家禽体生理特点的需要。减少了自然界不利因素对家禽群的影响。但建筑和设备投资高，对电的依赖性很大，饲养管理技术要求高。

**（二）鸡舍的平面设计**

1. 平面布置形式

（1）平养鸡舍平面布置。根据走道与饲养区的布置形式，平养鸡舍分无走道式、单走道式、中走道双列式、双走道双列式等。

①无走道式。鸡舍长度由饲养密度和饲养定额来确定，鸡舍一端设置工作间，工作间与饲养间用墙隔开，饲养间另一端设出粪门和鸡转运大门。

②单走道单列式。多将走道设在北侧，有的南侧还设运动场，主要用于种鸡饲养，但利用率较低。

③中走道双列式。两边为饲养区，中间设走道，利用率较高，比较经济，但对有窗鸡舍，开窗困难。

④双走道双列式。在鸡舍南北两侧各设一走道，配置一套饲喂设备和一套清粪设备即可，利于开窗。

（2）笼养鸡舍平面布置。根据笼架配置和排列方式上的差异，笼养鸡舍的平面布置分为：

①二列三走道。仅布置两列鸡笼架，靠两侧纵墙和中间共设三个走道，适用于阶梯式、叠层式和混合式笼养。

②三列二走道。一般在中间布置三或二阶梯全笼架，靠两侧纵墙布置阶梯式半笼架。

③三列四走道。布置三列鸡笼架，设四条走道，是较为常用的布置方式，建筑跨度适中。

2. 平面尺寸确定

平面尺寸主要是指鸡舍跨度和长度，它与鸡舍所需的建筑面积有关。

（1）鸡舍跨度确定。

平养鸡舍的跨度=饲养区总宽度+走道总宽度

笼养鸡舍的跨度＝鸡笼架总宽度+走道总宽度

一般平养鸡舍的跨度容易满足建筑要求，笼养鸡舍跨度与笼架尺寸及操作管理需要的走道宽度有关。

（2）鸡舍长度确定。主要考虑饲养量、饲喂设备和清粪设备的布置要求及其使用效率、场区的地形条件与总体布置。

### （三）禽舍内部设施

1. 饲养设备

（1）饲养笼具。

①育雏笼。常用的育雏笼是四层或五层。笼具用镀锌铁丝网片制成，由笼架固定支撑，每层笼间设承粪板。此种育雏笼具有结构紧凑、占地面积小、饲养密度大，对于整室加温的鸡舍使用效果不错。

②蛋鸡笼。我国目前生产的蛋鸡笼多为 3 层全阶梯或半阶梯组合方式，由笼架、笼体和护蛋板组成，每小笼饲养 3~4 只鸡。

③种鸡笼。可分为蛋用种鸡笼和肉用种鸡笼，从配置方式上又可分为 2 层和 3 层。种鸡笼与蛋鸡笼结构相似，尺寸稍大，笼门较宽阔，便于抓鸡进行人工授精。

（2）供料设备。

①料塔。用于大、中型机械化鸡场，主要用作短期储存干粉状或颗粒状配合饲料。

②输料机。是料塔和舍内喂料机的连接纽带，将料塔或储料间的饲料输送到舍内喂料机的料箱内。输料机有螺旋弹簧式、螺旋叶片式、链式。目前使用较多的是前两种。

③喂料设备。常用的喂饲机有螺旋弹簧式、索盘式、链板式和轨道车式 4 种。

2. 供水设备

（1）饮水器的种类。

①乳头式。乳头式饮水器有锥面、平面、球面密封型三大类。乳头式饮水设备适用于笼养和平养鸡舍给成鸡或两周龄以上雏鸡供水。

②吊塔式。又称普拉松饮水器，靠盘内水的重量来启闭供水阀门，即当盘内无水时，阀门打开，当盘内水达到一定量时，阀门关闭。主要用于平养鸡舍。

③水槽式。水槽一般安装于食槽上方，整条水槽内保持一定水位供鸡只饮用。

（2）供水系统。乳头式、吊塔式饮水器要与供水系统配套，供水系统由过滤器、减压装置和管路等组成。

**（四）环境控制设备**

1. 降温设备

（1）湿帘—风机降温系统。该系统由湿帘、风机、循环水路与控制装置组成。具有设备简单，成本低廉，降温效果好，运行经济等特点，比较适合高温干燥地区。湿帘-风机降温系统是目前最成熟的蒸发降温系统。

（2）喷雾降温系统。用高压水泵通过喷头将水喷成直径小于 $100\mu m$ 雾滴，雾滴在空气中迅速汽化而吸收舍内热量使舍温降低。常用的喷雾降温系统主要由水箱、水泵、过滤器、喷头、管路及控制装置组成，该系统设备简单，效果显著，但易导致舍内湿度提高和淋湿羽毛，影响生产。

2. 采暖设备

（1）保温伞。保温伞适用于平面饲养育雏期的供暖。分电热式和燃气式两类。

①电热式。伞内温度由电子控温器控制，可将伞下距地面

5cm 处的温度控制在 26~35℃，温度调节方便。

②燃气式。可燃气体在辐射器处燃烧产生热量，通过保温反射罩内表面的红外线涂层向下反射远红外线，以达到提高伞下温度的目的。燃气式保温伞内的温度可通过改变悬挂高度来调节。育雏室内应有良好的通风条件，以防由于不完全燃烧产生 CO 而使雏鸡中毒。

（2）热风炉。热风炉有卧式和立式两种。送风升温快，热风出口温度为 80~120℃，比锅炉供热成本降低 50% 左右，使用方便、安全，是目前推广使用的一种采暖设备。可根据鸡舍供热面积选用不同功率热风炉。

3. 通风设备

（1）轴流风机。主要由外壳、叶片和电机组成。轴流风机风向与轴平行，具有风量大、耗能少、噪声低、结构简单、安装维修方便、运行可靠等特点，既可用于送风，也可用于排风。

（2）离心风机。主要由蜗牛形外壳、工作轮和机座组成。这种风机工作时，空气从进风口进入风机，旋转的带叶片工作轮形成离心力将其压入外壳，然后再沿着外壳经出风口送入通风管中。多用于畜舍热风和冷风输送。

4. 照明设备

（1）人工光照设备。包括白炽灯和荧光灯。

（2）照度计。可以直接测出光照强度的数值。由于家禽对光照的反应敏感，禽舍内要求的照度比日光低得多，应选用精确的仪器。

（3）光照控制器。其基本功能是自动启闭禽舍照明灯，利用定时器的多个时间段自编程序功能，实现精确控制舍内光照时间。

5. 清粪设备

（1）刮板式清粪机。用于网上平养和笼养，安置在鸡笼下的粪沟内。每开动一次，刮板作一次往返移动，刮板向前移动时将鸡粪刮到鸡舍一端的横向粪沟内，返回时，刮板上抬空行。横向粪沟内的鸡粪由螺旋清粪机排至舍外。

（2）输送带式清粪机。适用于叠层式笼养鸡舍清粪，主要由电机和链传动装置，主、被动辊、承粪带等组成。承粪带安装在每层鸡笼下面，启动时由电机、减速器通过链条带动各层的主动辊运转，将鸡粪输送到一端，被端部设置的刮粪板刮落，从而完成清粪作业。

## （五）卫生防疫设备

1. 多功能清洗机

具有冲洗和喷雾消毒两种用途，使用 220V 电源作动力，适用于禽舍、孵化室地面冲洗和设备洗涤消毒。具有体积小、耐腐蚀、使用方便等优点。

2. 禽舍固定管道喷雾消毒设备

是一种用机械代替人工喷雾的设备，主要由泵组、药液箱、输液管、喷头组件和固定架等构成。2~3min 即可完成整个禽舍消毒工作，药液喷洒均匀。在夏季与通风设备配合使用，还可降低舍内温度 3~4 配上高压喷枪还可作清洗机使用。

3. 火焰消毒器

利用煤油燃烧产生的高温火焰对禽舍设备及建筑物表面进行消毒。但不可用于易燃物品的消毒，使用过程中注意防火。

# 第二节  兔场规划

建造兔场首先要选好场址，合理确定场地面积，还要规划好兔场的规模，确立好兔群的结构。

## 一、选择场址

小环境条件对家兔的生产繁殖、生长发育影响极大。建兔场选场址应慎重考虑场地的自然条件和社会条件。理想的场地应选建在地势高燥、平坦开阔、有适当坡度、背风向阳的地方，要有良好的电力条件、交通条件和社会位置。

### （一）自然条件

家兔先天喜欢高燥的地势和环境，为保证兔场地面相对干燥，场地的地下水位最好在 1.5m 以下。理想的地势应该是平坦、规整、紧凑，最好有1%~2%的坡度，这样可以缩短道路和管线长度，减少基建投资，利于排水、排污。

选择场址要注意避开容易产生空气涡流的山坳和谷地，场地西北方向最好有天然挡风屏障，而东南方向则要开阔敞亮，这种场地背风向阳，可以减少冬春季节风雪侵袭，又能保持小环境温、湿度的相对稳定。

场区地面最好为沙质壤土，含沙量适中，土质较肥沃，利于场区绿化和种植饲草；土壤中不含有机和无机污染物，不含其他有害成分，微量元素含量要合理。

### （二）社会条件

兔场要有良好的水电和交通条件，社会位置合理。正常情况下，家兔每天需饮用水约350ml，加之饲养管理等，用水量较大，因此，兔场对水源要求总体为"水量充足，水质干净，取水方便",最好能通自来水。饮用水以自来水、井水、泉水最为理想,其次为流动的溪水;河水、江水只可用于冲刷卫生、浇灌牧草植物,禁止饮用;不要使用被污染的江河湖水、死塘水。

兔场除了要开通高压照明电和动力电外,为防止供电不正常,还要自备有发电机,能够满足抽水、配制饲料、通风、应急等。为利于防疫和保护环境,维持饲养环境安定,兔场要远离屠宰场、畜产品加工厂、其他养殖场和牲畜交易市场;远离化工厂、造纸厂等。还要尽量远离市镇及居民区,远离交通站点,距离交通要道要在200~500m;但兔场位置又不能过分偏僻,要有基本的交通条件,能够驶入汽车,便于运送生产物资。

## 二、兔场规模

建设养兔场要有适当的规模,规模的确定要经过广泛论证,充分考虑兔产品的市场需求和市场走势,充分考虑当地的自然条件、饲料资源,充分考虑自身的技术力量,养殖经验和经营能力。规模过小则形不成气候、经济效益不明显;规模过大则投资大、风险大,若技术和经营跟不上,很可能造成严重经济损失。最好能够从小到大,逐步稳定滚动发展。

一般而言,在我国现有的条件下,普通农户可以建造100~500个笼位,养30~150只种母兔,年产500~3 000只商品兔。中小型兔场可以建1 000~1 500个笼位,养200~500只种母兔,年产5 000~8 000只商品兔。大型兔场可建2 000个以上笼位,养500只以上种母兔,年可产商品兔10 000~15 000只。

### 三、兔群结构

根据兔场的性质和经营目的、配种方式不同，种兔群的性别结构、年龄结构有一定的区别。

#### （一）性别结构

种兔场繁育场，要保证种公兔的配种质量，饲养的种公兔要相对多一些；商品兔场中种公兔的数量可尽量少些，减少饲养成本投入。一般而言，兔场繁殖方式若采用常规自然交配，则种兔繁殖场（群）公母比例 1：（6~8），生产群 1：（8~10）为宜；大型集约化肉兔、皮用兔场，若采用人工授精配种方式，公母比例 1：（16~20）即可。

#### （二）年龄结构

按照家兔的繁殖生理规律，种公兔的最佳利用年限一般 3~3.5 年（8 月龄到 4 岁前后），种母兔最佳利用年限 3 年左右（6 月龄到 3.5 岁或繁殖 15~18 胎）。6~12 月龄的青年兔繁殖性能处于上升阶段，1~2.5 岁的壮年兔繁殖性能处于顶峰阶段，而大于 2.5 岁后繁殖性能处于下滑状态，3 岁以上的老年兔生产性能明显下降。因此，种兔群比较适宜的年龄结构为：青年兔占 20%~30%，壮年兔占 40%~50%，老年兔占 20%~30%。

### 四、场地面积

兔场占地面积要根据兔场的生产方向、饲养规模、饲养管理方式和集约化程度等因素而确定。既应考虑满足生产，节约用地，又要为今后发展留有余地。

#### （一）种兔场、肉兔场和皮用兔场

此类兔场的产品为达到一定年龄的幼兔，场内不存留成年

商品兔，所以一般是按繁殖母兔的数量规模进行推算。按照我国现有的实际情况，每只繁殖母兔（包含种公兔及仔幼兔）平均占用笼具面积一般为 0.9~1.2m²，按 3 层笼计算，实际占用兔舍面积 0.3~0.4m²。

在兔舍内部设计时，笼具在兔舍内一般占用兔舍地面面积的 40%左右（其余为走道、粪道、临时料仓等），兔舍的建筑系数为 0.8（1m² 建筑面积折合实用面积 0.8m²）。

在兔场总体设计中，兔舍在生产区内一般占土地面积的50%（其余为兔舍间隔、道路、绿化地等），生产区在场区内占土地面积 50%左右（其余 30%左右为综合区，20%左右为隔离区）。

根据以上基本数据，可推算出平均每只繁殖母兔需要征地的面积。例如，饲养 500 只繁殖母兔，其必需的土地面积为：

$$S = 0.4m²/只 \div （40\% \times 0.8 \times 50\% \times 50\%） \times 500 只 =$$
$$0.4m²/只 \div 0.08 \times 500 只 =$$
$$5m²/只 \times 500 只 = 2\ 500m²$$

### （二）毛用兔场

长毛兔饲养场生产区内的兔群实际由两部分组成，即种兔群和兔毛生产群。种兔群担负着繁殖后备生产兔（包括后备种兔）的任务，兔毛生产群的任务是生产兔毛。种兔群在生产区内笼具及占地面积计算方法可参考前者方法。如繁殖母兔为 200 只，则需要占用生产区的面积为：

$$S_1 = 0.4m²/只 \div （40\% \times 0.8 \times 50\%） \times 200 只 = 0.4m²/只 \div 0.16 \times 200 只 = 500m²$$

兔毛生产群在生产区内笼具及占地面积按照兔群实际规模计算，产毛兔单笼饲养，每个笼的底面积一般为 0.3~0.4m²，如果三层饲养则占用兔舍内实用面积为 0.1~0.13m²。如饲养 800 只产毛兔，需要占用生产区的面积为：

$S_2 = 0.13\text{m}_2/$只$\div$（$40\% \times 0.8 \times 50\%$）$\times 800$ 只 $= 0.13\text{m}^2/$只$\div$ $0.16 \times 800$ 只 $= 650\text{m}^2$

种兔群和兔毛生产群共需用生产区土地面积为 $S_1 + S_2$，生产区在兔场仍然占全场土地面积的 50%，那么，饲养 200 只繁殖母兔、800 只产毛兔的毛用兔饲养场，其必需的土地面积为：

$S = (S_1 + S_2) \div 50\% = (500 + 650) \div 50\% = 2\ 300\text{m}^2$

## 五、场区建筑布局

### （一）兔场分区及功能

正规建设的养兔场至少要分为 3 个区域，即综合区（包括行政区、生活区和服务区）、生产区、隔离区；细分则可以分为 5 个区域。

1. 行政区

是兔场经营管理和对外联络的区域，主要职能是树立兔场形象，担负兔场领导，负责兔场经营。主要建筑为办公室、会议室、接待室及标志性建筑等。

2. 生活区

是兔场职工食宿、娱乐，开展业余活动的区域。主要职能是为职工提供舒适的生活条件，良好的食宿服务，保证职工劳逸结合，安心工作。主要建筑为食堂、宿舍、娱乐场（馆）等。

3. 服务区

是兔场运行的后勤保障区域。主要职能是为兔场提供优质的饲料和管理服务。主要建筑为饲料加工车间，饲料、药品、器械仓库，供水供电设施等。

4. 生产区

是兔场的主体和核心区域，担负家兔的饲养、繁育和产品采收等技术任务。主要建筑为兔舍。

5. 隔离区

也叫污染区或疫病区。主要对新引进家兔进行隔离饲养，对病兔进行诊断治疗，对死兔、粪污等废物进行处理。主要建筑为隔离兔舍、化验室、医疗室、尸体处理间、粪池等。

**（二）兔场布局原则**

兔场内部可以根据地势、地貌、地形灵活布局。但要遵从以下几方面的原则。

1. 生产区、综合区、隔离区三者必须严格相互隔离。这种隔离不仅是围墙隔开，还要做道通行隔离，相互之间应有一定的间距，防止在生产管理上的相互干扰，并利于防疫。

2. 从布局方位上，行政区、生活区、服务区应占据上风头、高地势处，一般在西北方向，保证工作人员的安全；隔离区、疫病区应位于下风头、低地势处，一般位于东南方位，避免污物、气味流过生产区及综合区。

3. 饲料加工、发电、车库等设备应设置在远离生产区的地方，避免噪声对家兔生活和生产、繁殖的干扰；水井、饲料加工室等应远离隔离区，特别是要远离粪池等污染设施，避免对水源、饲料的污染。

4. 生产区内的兔舍应布局合理，种兔舍、保育舍（幼兔舍）应在上风方位安静处，一般在西北方位；生产兔舍（商品兔舍）位于下风向，东南方位。临近商品兔舍处可单独对外开门，使兔及产品输出不必经过场区。

5. 场区的上水道、饲料道（洁道）与下水道、粪道（毛道）不可混行并行，尽量减少交叉点，避免污染。根据地形地貌，兔舍可以东西走向，也可以南北走向。

# 第三节　猪场建设与工厂化养猪生产

## 一、猪场的规划与布局

### （一）场区规划

猪场布局包括场区的总平面布置、场内道路和排污、场区绿化三部分内容。

1. 场区平面布置

一个完善的规模化猪场在总体布局上应包括 4 个功能区，即生活区、生产管理区、生产区和隔离区。考虑到有利防疫和方便管理，应根据地势和主风向合理安排各区。

（1）生活区。生活区包括职工宿舍、食堂、文化娱乐室、活动或运动场地等。此区应设在猪场大门外面的地势较高的上风向，避免生产区臭气与粪水的污染，并便于与外界联系。

（2）生产管理区。包括消毒室、接待室、办公室、会议室、技术室、化验分析室、饲料厂、仓库、车库和水电供应设施等。该区与社会联系频繁，与场内饲养管理工作关系密切，应严格防疫，门口设置车辆消毒池、人员消毒更衣室。生产管理区与生产区间应有墙隔开，进生产区门口再设消毒池、更衣消毒室以及洗澡间。非本场车辆一律禁止入场。此区也应设在地势较高的上风向或偏风向。

（3）生产区。包括各类猪舍和生产设施，是猪场的最主要区域，禁止一切外来车辆与人员入内。饲料运输用场内小车经料库内门发放饲料，围墙处设有装猪台，售猪时经装猪台装车，避免装猪车辆进场。

（4）隔离区。此区包括兽医室、隔离猪舍、尸体剖检和处理设施、粪污处理区等。该区是卫生防疫和环境保护的重点，应设在地势较低的下风向，并注意消毒及防护。

2. 场内道路和排污

道路是猪场总体布局中一个重要组成部分，它与猪场生产、防疫有重要关系。猪场内应分出净道和污道，互不交叉。净道正对猪场大门，是人员行走和运送饲料的道路。污道靠猪场边墙，是处理粪污和病死猪等的通道，由侧后门运出。场内道路要求防水防滑，生产区不宜设直通场外的道路，以利于卫生防疫。

3. 场区绿化

猪场绿化可在猪场北面设防风林，猪场周围设隔离林，场区各猪舍之间、道路两旁种植树木以遮阴绿化，场区裸露地面上种植花草。

（二）建筑物布局

生活区和生产管理区宜设在猪场大门附近，门口分设行人和车辆消毒池，两侧设值班室和更衣室。生产区内种猪、仔猪应置于上风向和地势较高处。分娩猪舍要靠近妊娠猪舍，又要接近仔猪培育舍，育成猪舍靠近育肥猪舍，育肥猪舍设在下风向。商品猪舍置于离场门或围墙近处，围墙内侧设有装猪台，运输车辆停在围墙外。

## 二、猪舍建设与养猪设备

（一）场址选择

1. 地形和地势

地形要求开阔整齐，面积充足，符合当地城乡建设的发展规划并留有发展余地；要求地势平坦高燥、背风向阳，地下水位应在地面 2m 以下，最大坡度不得超过 25%。

2. 水源和水质

要求水量充足、水质良好、取用方便，利于防护；养猪场必须要有符合饮用水卫生标准的水源。

3. 土壤类型

应选择土质坚实、渗水性强的砂壤土最为理想。

4. 社会联系

一般情况下，养猪场与居民区或其他牧场的距离为：中、小型不小于 500m，大型场不小于 1 000m；距离各种化工厂、畜产品加工厂在 1 500m 以上；距离铁路和国家一、二级公路不少于 500m。

**（二）猪舍类型**

1. 猪舍建筑基本结构

猪舍的基本结构包括地面、墙、门窗、屋顶等。

（1）地面。猪舍地面关系到舍内的空气环境、卫生状况和使用价值。地面要求保温、坚实、不透水、平整、不滑、便于清扫和清洗消毒；地面应斜向排粪沟，坡度为 2%~3%，以利保持地面干燥。猪舍地面分实体地面和漏缝地板。

①实体地面。采用土质地面、三合土地面或砖地面，虽然保温好、费用低，但不坚固、易透水、不便于清洗和消毒；若采用水泥地面，虽坚固耐用，易清洗消毒，但保温性能差。

②漏缝地板。由混凝土或木材、金属、塑料制成的，能使猪与粪、尿隔离，易保持卫生清洁、干燥的环境，对幼龄猪生长尤为有利。

（2）墙壁。墙壁是猪舍建筑结构的重要部分，它将猪舍与外界隔开，对舍内温湿度保持起着重要作用。

（3）屋顶。要求坚固，有一定的承重能力，不透风，不漏水，耐火，结构轻便，同时必须具备良好的保温隔热性能。

（4）门窗。猪舍设门有利于猪的转群、运送饲料、清除粪便等。一栋猪舍至少应有两个外门，一般设在猪舍的两端墙上，门向外开，门外设坡道而不应有门槛、台阶。

窗户面积占猪舍面积的 1/8～1/10，窗台高 0.9～1.2m，窗上口至舍檐高 0.3～0.4m。

（5）猪舍通道。猪舍通道是猪舍内为喂饲、清粪、进猪、出猪、治疗观察及日常管理等工作留出的道路。猪舍通道分喂饲通道、清粪通道和横向通道 3 种。

（6）猪舍高度。猪舍高度一般为 2.2～3.0m。在以冬季保温为主的寒冷地区，适当降低猪舍高度有利于提高其保温性能；而在以夏季隔热为主的炎热地区，适当增加猪舍高度有利于使猪产生的热量迅速散失。

2. 猪舍建筑常见类型

（1）按屋顶形式。有单坡式、双坡式、联合式、平顶式、拱顶式、钟楼式、半钟楼式等。

（2）按墙的结构。有开放式、半开放式和密闭式。

①开放式。三面有墙，一面无墙，其结构简单，通风采光好，造价低，但冬季防寒困难。

②半开放式。三面有墙，一面设半截墙，略优于开放式。

③密闭式。分有窗式和无窗式。有窗式四面设墙，窗设在纵墙上，窗的大小、数量和结构应结合当地气候而定。无窗式四面有墙，墙上只设应急窗（停电时使用），与外界自然环境隔绝程度较高，舍内的通风、采光、舍温全靠人工设备调控，能为猪提供较好的环境条件，有利于猪的生长发育，提高生产率，但这种猪舍建筑、装备、维修、运行费用大。

（3）按猪栏排列。有单列式、双列式和多列式。

①单列式。猪栏一字排列，一般靠北墙设饲喂走道，舍外可设运动场，跨度较小，结构简单，省工省料造价低，但不适合机械化作业。

②双列式。猪栏排成两列，中间设一饲喂走道，有的还在两边设清粪道。猪舍建筑面积利用率高，保温好，管理方便，便于使用机械。但北侧采光差，舍内易潮湿。

③多列式。猪栏排列成三列以上，猪舍建筑面积利用率更高，容纳猪数更多，保温性好，运输路线短，管理方便。缺点是采光不好，舍内阴暗潮湿，通风不畅，必须辅以机械设备，人工控制其通风、光照及温湿度。

（4）按使用功能。按使用功能可分公猪舍、配种猪舍、妊娠猪舍、分娩哺乳猪舍、保育猪舍、生长猪舍、肥育猪舍和隔离猪舍等。

①公猪舍。指饲养公猪的圈舍。公猪舍多采用单列式结构，并在舍外向阳面设立运动场供公猪运动。

②配种猪舍。指专门为空怀待配母猪进行配种的猪舍。

③妊娠猪舍。指饲养妊娠母猪的猪舍。妊娠猪舍地面一般采用部分铺设漏缝地板的混凝土地面。

④分娩哺乳猪舍。简称分娩猪舍，亦称产仔舍，指饲养分娩哺乳母猪的猪舍。

⑤保育猪舍。亦称培育猪舍、断乳仔猪舍或幼猪舍，指饲养断乳仔猪的猪舍。

⑥生长猪舍。也称育成猪舍。生长猪一般采用地面饲养，并利用混凝土铺设部分或全部漏缝地板，猪栏通常采用双列或多列式。

⑦肥育猪舍。指饲养肥育猪的猪舍。

⑧隔离猪舍。指对新购入的种猪进行隔离观察或对本场疑

似传染病但还具有经济价值的猪进行隔离治疗饲养的猪舍，主要功能是防止外购种猪将传染病带入本场，并防止本场猪群的相互接触传染。

### （三）养猪主要设备

1. 猪栏设备

根据所用材料的不同，分为实体猪栏、栏栅式猪栏和综合式猪栏3种形式。

实体猪栏采用砖砌结构（厚120mm，高1 000～1 200mm）外抹水泥，或采用水泥预制构件（厚50mm左右）组装而成；栏栅式猪栏采用金属型材焊接成栏栅状再固定装配而成；综合式猪栏是以上两种形式的猪栏综合而成，两猪栏相邻的隔栏采用实体结构，沿喂饲通道的正面采用栏栅式结构。

根据猪栏内所养猪种类的不同，猪栏又分为公猪栏、配种猪栏、母猪栏、母猪分娩栏、保育猪栏、生长猪栏和肥育猪栏。

（1）公猪栏。指饲养种公猪的猪栏。按每栏饲养1头公猪设计，一般栏高1.2～1.4m，占地面积6～7m²。通常舍外与舍内公猪栏相对应的位置要配置运动场。工厂化猪场一般不设配种栏，公猪栏同时兼作配种栏。

（2）母猪栏。指饲养后备、空怀和妊娠母猪的猪栏，按要求分为群养母猪栏、单体母猪栏和母猪分娩栏3种。

①群养母猪栏。通常6～8头母猪占用一个猪栏，栏高为1.0m左右，每头母猪所需面积1.2～1.6m²。主要用于饲养后备和空杯母猪，也可饲养妊娠母猪，但要注意防止抢食而引起流产。

②单体母猪栏。每个栏中饲养1头母猪，栏长2.0～2.3m，栏高1.0m，栏宽0.6～0.7m。主要用于饲养妊娠母猪。

③母猪分娩栏。指饲养分娩哺乳母猪的猪栏，主要由母猪限位架、仔猪围栏、仔猪保温箱和网床4部分组成。其中母猪限位架长2.0~2.3m，宽0.6~0.7m，高1.0m；仔猪围栏的长度与母猪限位架相同，宽1.7~1.8m，高0.5~0.6m；仔猪保温箱是用水泥预制板、玻璃钢或其他具有高强度的保温材料，在仔猪围栏区特定的位置分隔而成。

（3）保育栏。指饲养保育猪的猪栏，主要由围栏、自动食槽和网床3部分组成。按每头保育仔猪所需网床面积0.30~0.35$m^2$设计，一般栏高为0.7m左右。

（4）生长栏和肥育栏。指饲养生长猪和肥育猪的猪栏。猪通常在地面上饲养，栏内地面铺设局部漏缝地板或金属漏缝地板，其栏架有金属栏和实体式两种结构。一般生长栏高0.8~0.9m，肥育栏高0.9~1.0m，其占地面积生长猪栏按每头0.5~0.6$m^2$，肥育栏按每头0.8~1.0$m^2$。

2. 漏缝地板

现代猪场为了保持栏内的清洁卫生，改善环境条件，减少人工清扫，普遍采用粪尿沟上设漏缝地板，漏缝地板的类型有钢筋混凝土板条、钢筋编织网、钢筋焊接网等。对漏缝地板的要求是耐腐蚀、不变形、表面平而不滑、导热性小、坚固耐用、漏粪效果好、易冲洗消毒，适应所饲养猪的行走站立，不卡猪蹄。

3. 饲喂设备

（1）自动食槽。指采用自由采食喂饲方式的猪群所使用的食槽。它是在食槽的顶部装有饲料贮存箱，随着猪只的采食，饲料在重力的作用下不断落入食槽内，可以间隔较长时间加料，大大减少了饲喂工作量。

（2）限量食槽。指用限量喂饲方式的猪群所用的食槽，常用水泥、金属等材料制造。其中高床网上饲养的母猪栏内常配备金属材料制造的限量食槽。公猪用的限量食槽长度为500~800mm。群养母猪限量食槽长度根据它所负担猪的数量和每头猪所需要的采食长度（300~500mm）而定。

4. 饮水设备

指为猪舍猪群提供饮水的成套设备。猪舍饮水系统由管路、活接头、阀门和自动饮水器等组成。

5. 环境控制设备

指为各类猪群创造适宜温度、湿度、通风换气等使用的设备，主要有供热保温、通风降温、环境监测和全气候环境控制设备等。

（1）供热保温设备。现代猪舍的供暖，分集中供暖和局部供暖两种方法。

目前大多数猪场采用局部供暖方式较多，如高床网上分娩的仔猪，为了满足仔猪对温度的要求，常采用局部供暖，常用的局部供暖设备是采用红外线灯或红外线辐射板加热器。

（2）通风降温设备。指为了排除舍内的有害气体，降低舍内的温度和控制舍内的湿度等使用的设备。

①通风机配置。

A. 侧进（机械），上排（自然）通风。

B. 上进（自然），下排（机械）通风。

C. 机械进风（舍内进），地下排风和自然排风。

D. 纵向通风，一端进风（自然），一端排风（机械）。

②喷雾降温系统。指一种利用高压水雾化后漂浮在猪舍中吸收空气的热量使舍温降低的喷雾系统，主要由水箱、压力泵、过滤器、喷头、管路及自动控制装置组成。

③喷淋降温或滴水降温系统。指一种将水喷淋在猪身上为

其降温的系统，而滴水降温系统是一种通过在猪身上滴水而为其降温的系统。

## 三、规模化养猪生产

### （一）规模化养猪的生产特点

1. 流水线式的工艺流程

规模化养猪将各生产阶段的猪群按一定的生产节律和繁殖周期，组织成有工业生产方式特点的流水式生产工艺过程，并按企业的生产计划均衡地进行养猪生产。把养猪生产中的配种、妊娠、分娩、哺乳、保育、生长和肥育等生产环节有机的联系起来，形成一条连续流水式的生产线，有计划、有节律地常年均衡生产。

2. 专门化的猪舍类别

规模化养猪必须建立能适应各类猪群生理和生产要求的专用猪舍，如配种妊娠舍、分娩哺乳舍、仔猪保育舍和生长肥育舍等，只有这样，才能保证各生产工艺有序地进行。

3. 完善化的繁育体系

规模化养猪须选用较高生产性能的猪种，并按繁育计划建立好繁育体系，保证生产优良种猪和商品猪，从而达到最高的经济效益。

4. 系列化的全价饲粮

规模化养猪按照猪群的划分，配制不同型号的全价饲粮，满足营养需要，最大限度地发挥猪的生产潜力。

5. 现代化的设施设备

规模化养猪猪群集约、全进全出，要求配备先进的养猪设施与设备。猪舍要达到保温隔热、冬暖夏凉、清洁干燥、空气新鲜的要求。设备要符合猪的生理要求，方便劳动者的生产操作，并能给猪群创造舒适的生活环境。

6. 严密化的兽医保健

规模化养猪要求建立健全严格的消毒、防疫和驱虫制度，确保猪群健康。同时要建立符合卫生要求的粪污处理系统。

7. 高效率的管理体制

规模化养猪应利用先进的科学管理技术，合理的劳动组织，充分调动人的积极性，保证企业管理的高水平、高效益。

8. 标准化的产品生产

规模化养猪应采用先进的饲养管理技术，规模地、均衡地生产符合质量标准的种猪或商品猪，并保证猪肉食品的安全性。

**（二）规模化养猪工艺流程**

现代化养猪生产以工业化的生产方式把养猪生产过程中的配种、妊娠、分娩、哺乳、生长和肥育等生产环节，划分成一定时段，按照全进全出、流水作业的生产方式，对猪群实行分段饲养，进而合理周转，这一整套的生产程序即饲养工艺流程。现介绍几种常见的工艺流程：

1. 三段饲养工艺流程

即配种妊娠期→泌乳期→生长肥育期。它是比较简单的生产工艺流程，猪群调动次数少，猪舍类型不多，节约维修费用，管理较为方便。但仔猪从断奶到出栏划分为一个时段，其营养供应和环境控制等显得较为粗放，不利于生长潜力的充分发挥。

2. 四段饲养工艺流程

即配种妊娠期→泌乳期→保育期→生长肥育期。它的特点是在三段饲养工艺的基础上，将断奶后的仔猪和保育阶段独立出来，待体重达 18~20kg 以上，再转人生长肥育舍饲养 13~15 周，体重达 90~110kg 出栏销售。这样便于采取措施满足断奶后的仔猪对环境条件要求高的特点，有利于提高成活率，但转群增加 1 次，应激增多，影响猪的生长。

3. 五段饲养工艺流程

即配种期→妊娠期→泌乳期→保育期→生长肥育期。它的主要特点是在四段饲养工艺的基础上，将空怀待配母猪和妊娠母猪分开，单独饲养。空怀种母猪经 1~2 周的配种期和 3 周左右的妊娠鉴定期，转入妊娠舍饲养 12 周，最后 1 周转入分娩哺乳舍。这种安排有利于断奶母猪的复膘、发情鉴定及配种，而且能防止空怀母猪和妊娠母猪之间的争斗引发的流产，也便于根据母猪妊娠后的膘情采取合适饲养方法，但转群多，应激增加，应预防机械性流产的发生。

4. 六段饲养工艺流程

即配种期→妊娠期→泌乳期→保育期→生长期→肥育期。它的主要特点是在五段饲养工艺的基础上，将猪的生长肥育期划分为生长期和肥育期，各饲养 7 周左右。由于仔猪从出生到出栏分成哺乳、保育、生长、肥育 4 个阶段饲养，可以根据猪的不同阶段特点，最大限度满足其生长发育的营养需要和环境要求，有利于生长潜力的充分发挥，但转群增多，应激增加，影响猪的生长，延长生长肥育期。

# 第四节　牛场规划与建设

## 一、牛场布局与规划

### （一）场址选择条件

1. 合适的位置

牛场的位置应选在供水、供电方便，饲草饲料来源充足，交通便利且远离居民区。

2. 地势高燥、地形开阔

牛场应选在地势高燥、平坦、向南或向东南地带稍有坡度的地方，既有利于排水，又有利于采光。

3. 土壤的要求

土壤应选择沙壤土为宜，能保持场内干燥，温度较恒定。

4. 水源的要求

创建牛场要有充足的、符合卫生标准的水源供应。

### （二）牛场的规划布局

按功能规划为以下分区：生活区、管理区、生产区、粪尿处理区和病牛隔离区。根据当地的主要风向和地势高低依次排列。

1. 生活区

建在其他各区的上风头和地势较高的地段，并与其他各区用围墙隔开一段距离，以保证职工生活区的良好卫生条件，也是牛群卫生防疫的需要。

2. 管理区

管理区要和生产区严格分开，保证50m以上的距离，外来人员只能在管理区活动。

3. 生产区

应设在场区的较下风位置，禁止场外人员和车辆进入，要保证安全、安静。

4. 粪尿处理区

生产区污水和生活区污水收集到粪尿处理区，进行无害化处理后排出场外。

5. 病牛隔离区

建高围墙与其他各区隔离，相距 100m 以上，处在下风向和地势最低处。

## 二、牛场建设

### （一）肉牛舍建设

1. 牛舍类型

（1）半开放牛舍。半开放牛舍三面有墙，向阳一面敞开，有部分顶棚，在敞开一侧设有围栏，水槽、料槽设在栏内，肉牛散放其中。每舍（群）15~20 头，每头牛占有面积 4~5m²。这类牛舍造价低，节省劳动力，但冬天防寒效果不佳。

（2）塑料暖棚牛舍。塑料暖棚牛舍属于半开放牛舍的一种，是近年北方寒冷地区推出的一种较保温的半开放牛舍。

（3）封闭牛舍。封闭牛舍四面有墙和窗户，顶棚全部覆盖，分单列封闭舍和双列封闭舍。

2. 牛舍结构

（1）地基与墙体。地基深 80~100cm，砖墙厚 24cm，双坡式牛舍脊高 4.0~5.0m，前后檐高 3.0~3.5m。牛舍内墙的下部设墙围，防止水气渗入墙体，提高墙的坚固性、保温性。

（2）门窗。门高 2.1~2.2m，宽 2.0~2.5m。封闭式的窗应大一些，高 1.5m，宽 1.5m，窗台高距地面 1.2m 为宜。

（3）屋顶。最常用的是双坡式屋顶。

（4）牛床。一般的牛床设计是使牛前躯靠近料槽后壁，后肢接近牛床边缘，粪便能直接落入粪沟内即可。

（5）料槽。料槽建成固定式的、活动式的均可。水泥槽、铁槽、木槽均可用作牛的饲槽。

（6）粪沟。牛床与通道间设有排粪沟，沟宽 35~40cm，深 10~15cm，沟底呈一定坡度，以便污水流淌。

（7）清粪通道。清粪通道也是牛进出的通道，多修成水泥路面，路面应有一定坡度，并刻上线条防滑。清粪道宽 1.5~2.0m。牛栏两端也留有清粪通道，宽为 1.5~2.0m。

（8）饲料通道。在饲槽前设置饲料通道。通道高出地面 10cm 为宜，饲料通道一般宽 1.5~2.0m。

（9）运动场多设在两舍间的空余地带，四周栅栏围起，将牛拴系或散放其内。其每头牛应占面积为：成牛 15~20m$^2$、育成牛 10~15m$^2$、犊牛 5~10m$^2$。

**（二）奶牛舍建设**

1. 牛舍类型

（1）舍饲拴系饲养方式。

①成奶牛舍。多采用双坡双列式或钟楼、半钟楼式双列式。双列式又分对头式与对尾式两种。每头成奶牛占用面积 8~10m$^2$，跨度 10.5~12m，百头牛舍长度 80~90m。

②青年牛、育成牛舍。大多采用单坡单列敞开式。每头牛占用面积 6~7m$^2$，跨度 5~6m。

③犊牛舍。多采用封闭单列式或双列式。

④犊牛栏。长 1.2~1.5m，宽 1~1.2m，高 1m，栏腿距地

面 20~30cm，应随时移动，不应固定。

（2）散放饲养方式。

①挤奶厅。设有通道、出入口、自由门等，主要方便奶牛进出。

②自由休息牛栏。一般建于运动场北侧，每头牛的休息牛床用 85cm 高的钢管隔开，长 1.8~2m，宽 1~1.2m，牛只能躺卧不能转动，牛床后端设有漏缝地板，使粪尿漏入粪尿沟。

2. 牛舍结构

（1）基础。要求有足够的强度和稳定性，必须坚固。

（2）墙壁。墙壁要求坚固结实、抗震、防水、防火，并具良好的保温与隔热特性，同时要便于清洗和消毒。一般多采用砖墙。

（3）屋顶。要求质轻，坚固耐用、防水、防火、隔热保温；能抵抗雨雪、强风等外力因素的影响。

（4）地面。牛舍地面要求致密坚实，不硬不滑，温暖有弹性，易清洗消毒。

（5）门。牛舍门高不低于 2m，宽 2.2~2.4m。

（6）窗。一般窗户宽为 1.5~2m，高 2.2~2.4m，窗台距地面 1.2m。

# 第五节　羊场规划与建设

## 一、羊场的规划与布局

### （一）场地的选择

羊场场址选择时应根据其生产特点、经营形式、饲养管理方式进行全面考虑。场址选择应遵循以下基本原则。

1. 地形地势

羊场要求地势高燥，向阳避风，地下水位低，地形平坦，开阔整齐，有足够的面积，并留有一定的发展余地。

2. 饲料饲草的来源

羊场饲草饲料应来源方便，充分利用当地的饲草资源。以舍饲为主的农区，要有足够的饲料饲草基地或饲草饲料来源。而北方牧区和南方草山草坡地区要有充足的放牧场地及大面积人工草地。

3. 水源条件好

要有充足而清洁的水源，且取用方便，设备投资少。切忌在严重缺水或水源严重污染地区建场。

4. 交通、通信方便，能源供应充足

要远离主干道，与交通要道、工厂及住宅区保持500~1 000m以上距离，以利于防疫及环境卫生。

**（二）场区规划和平面布局**

1. 场区规划

按羊场的经营管理功能，可划分为生活管理区、生产区和病羊隔离区。

生活管理区包括羊场经营管理有关的建筑物，羊的产品加工、储存、销售，生活资料供应以及职工生活福利建筑物与设施等，应位于羊场的上风向和地势较高地段，以确保良好的环境卫生。

生产区包括各种羊舍、饲料仓库、饲料加工调制建筑物等。建在生活管理区的下风向，严禁非生产人员及外来人员出入生产区。

病羊隔离区包括兽医室、病羊隔离舍等，该区应设在生产区的下风向处，并与羊舍保持一定距离。

2. 场区的平面布局

羊场的建筑物布局应根据羊场规模、地形地势条件及彼此间的功能联系进行统筹安排。

生活管理区的经营活动与外界社会经常发生极密切的联系，该区位置的确定应设在靠近交通干线、靠近场区大门的地方，并与生产区有隔离设施。

生产区是羊场的核心，应根据其规模和经营管理方式，进一步规划小区布局。应将种羊、幼羊、商品羊分开设在不同地段，分小区饲养管理。病羊隔离舍应尽可能与外界隔绝，并设单独的通路与出入口。

## 二、羊舍建设及内部设施

### （一）羊舍建筑设计的基本技术参数

1. 羊舍的环境要求

（1）羊舍温度。羊舍适宜温度为 8~21℃，最适温度范围 10~15℃。冬季产羔舍舍温应不低于 8℃，其他羊舍不低于 0℃；夏季舍温不超过 30℃。

（2）羊舍湿度。羊舍内的适宜相对湿度以 50%~70% 为宜，最好不要超过 80%。羊舍应保持干燥，地面不能太潮湿。

（3）羊舍的通风换气。通风换气的目的是排出舍内的污浊气体，保持舍内空气新鲜，防止羊舍内的 $NH_3$、$H_2S$、$CO_2$ 等含量超标而危害羊只的健康。

（4）羊舍光照。羊舍采光系数即窗的受光面积与舍内地面的面积比，成年羊舍 1:15，高产绵羊舍 1：（10~12），羔羊舍 1：（15~20）。保证冬季羊床上有 6h 的阳光照射。

2. 羊舍的基本结构要求及其技术参数

（1）羊舍面积。根据羊的品种、数量和饲养方式而定。各类羊适宜面积见表8-2。

表8-2 各类羊只所需的羊舍面积（m²/只）

| 羊别 | 种公羊<br>（独栏） | 群养公羊 | 成年母羊 | 育成母羊 | 去势羔羊 |
|------|------------------|----------|----------|----------|----------|
| 面积 | 4~6 | 1.8~2.25 | 1.1~1.6 | 0.7~0.8 | 0.6~0.8 |

产羔舍可按基础母羊数20%~25%计算面积，运动场一般为羊舍面积2~2.5倍，成年羊运动场面积按每只4m²计算。

（2）地面。羊舍的地面有实地面和漏缝地面两种。

（3）墙。墙体是羊舍的主要围护结构，有隔热、保暖作用。

（4）门。羊舍一般门宽2.5~3.0m，高1.8~2.0m。

（5）窗。窗设在羊舍墙上，起到通风、采光作用。

（6）屋顶与天棚。屋顶是羊舍上部的外围护结构，具有防雨雪、风沙和保温隔热的功能。天棚是将羊舍与屋顶下空间隔开的结构。其主要功能可加强房屋的保温隔热性能，同时也有利于通风换气。

羊舍净高以2.0~2.4m为宜，在寒冷地区可降低其高度。单坡式羊舍一般前高2.2~2.5m，后高1.7~2.0m，屋顶斜面呈45°。

**（二）羊舍及附属设施**

1. 羊舍类型

羊舍类型按屋顶形式可分为单坡式、双坡式、钟楼式或拱式屋顶等；按墙通风情况有封闭舍、开放舍及半开放舍；按地面羊床设置可分双列式、单列式等不同的类型。下面列举几种较为常见的羊舍。

（1）半开放双坡式羊舍。这种羊舍三面有墙，一面有半截长墙，故保湿性较差，但通风采光良好。平面布局可分为曲尺形，也可为长方形（图8-1）。

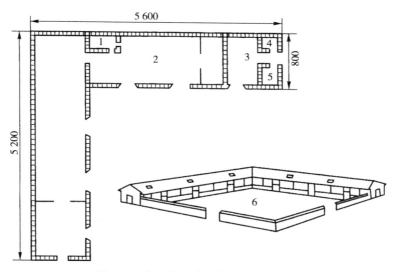

**图8-1 半开放双坡式羊舍**（单位：cm）

1. 人工授精室；2. 普通羊舍；3. 分娩栏室；4. 值班室；5. 饲料间；6. 运动场

（2）封闭式双坡式羊舍。这种羊舍四周墙壁密闭性好，双坡式屋顶跨度大。若为单列式羊床，走道宽1.2m，建在栏的北边，饲槽建在靠窗户走道侧，走道墙高1.2m（下部为隔栅），以便羊头从栅缝伸进饲槽采食。亦可改为双列式，中间设1.5m宽走道，走道两侧分设通长饲槽，以便补饲草料（图8-2）。

（3）楼式羊舍。这种羊舍羊床距地面1.5~1.8m，用水泥漏缝预制件或木条铺设，缝隙宽1.5~2.0cm，以便粪尿漏下。

羊舍南面为半敞开式，舍门宽 1.5～2.0m。通风良好，防暑、防潮性能好，适合于南方多雨、潮湿的平原地区采用。

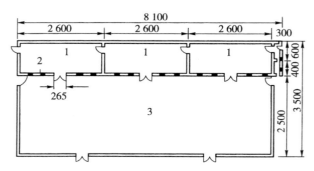

**图 8-2　可容纳 600 只母羊的封闭双坡式羊舍**（单位：cm）
1. 羊圈；2. 通气管；3. 运动场

（4）吊楼式羊舍。这种羊舍多利用山坡修建，距地面一定高度建成吊楼，双坡式屋顶，封闭式或南面修成半敞开式，木条漏缝地面或水泥漏缝预制件铺设，缝隙宽 1.5～2.0cm，便于粪尿漏下。这种羊舍通风、防潮、结构简单，适合于广大山区和潮湿地区采用（图 8-3）。

2. 羊场附属设施

（1）饲料青贮设施。青贮饲料是农区舍饲或冬春补饲的主要优质粗饲料。为了制作青贮饲料，应在羊舍附近修建青贮窖或青贮塔等设施。

①青贮窖。一般是圆桶形、长方形，为地下式或半地下式。窖壁、窖底用砖、石灰、水泥砌成。

②青贮塔。用砖、石、钢筋、水泥砌成，可直接建造在羊舍旁边，取用方便。

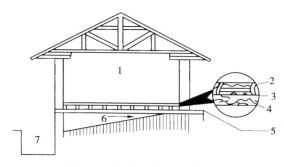

**图 8-3　吊楼式羊舍侧剖面图**

1. 羊舍；2. 木条；3. 楼幅；4. 抬楼幅；5. 运动场；6. 斜坡；7. 粪池

（2）饲槽和饲草架。

①固定式永久饲槽。通常在羊舍内，尤以舍饲为主的羊舍应修建固定式永久性饲槽。

②悬挂式草架。用竹片、木条或钢筋、三角铁等材料做成的栅栏或草架，固定于墙上，方便补饲干草。

（3）活动栅栏。活动栅栏可供随时分隔羊群之用。在产羔时也可临时用活动栅栏隔成母仔栏。通常羊场都要用木板、钢筋或铁丝网等材料加工成高 1m，长 1.2m、1.5m、2~3m 不等的栅栏。

（4）药浴池。羊药浴池一般为长方形狭长小沟，用砂石、砖、水泥砌成。池的深度不少于 1m，长约 10m，上口宽 50~80cm，池底宽 40~60cm，以一只羊能通过而不能转身为宜。池的入口处为陡坡，以便羊只迅速入池。出口端筑成台阶式缓坡，以便消毒后的羊只攀登上岸。入口端设储羊栏，出口端设滴流台，使药浴后羊只身上多余的药液回流池内。

# 第九章 畜禽常见病的诊治

## 第一节 畜禽常见产科病诊治

### 一、围产期胎儿死亡诊治

产期胎儿死亡是指产出过程中及其前后不久（产后不超过 1d）胎儿所发生的死亡。出生时即已死亡者称为死胎，这种胎儿的肺脏放在水中下沉。围产期胎儿死亡主要见于猪及牛。猪随着胎次的增多（3 胎以后）及胎儿的过多或过少，在 100 头小猪中有 2~6 头死亡；牛胎儿围产期死亡可达 5%~15%，并常见于头胎及雄性胎儿。

#### （一）诊断要点

**1. 传染性疾病引起**

传染性疾病引起的胎儿死亡，因母畜的症状及诊断方法随原发病而异，见传染病学有关部分。

**2. 非传染性疾病引起**

胎儿死亡如非传染性疾病引起的，必须参考病因（如营养缺乏、饲草中雌激素含量过高等）分析。

**3. 出生过程中死亡**

出生过程中死亡的胎儿是由于 $CO_2$ 分压升高、$O_2$ 分压低，而缺氧窒息。宫内窒息可诱发肠蠕动和肛门括约肌松弛，因而胎粪排出于胎水中，且可导致吸入羊水。因此，在羊水中和呼吸道内发现胎粪，是胎儿窒息的一种标志。未死的幸免仔猪或其他仔畜，其生活能力降低，肌肉松弛，有的不能站起，没有吮乳反射，有的昏迷不醒，终于死亡。

（二）治疗方法

因传染病引起的死亡，须根据所患疾病对母畜进行防治。对因非传染性疾病引起的胎儿死亡，应按病因改善母畜的饲养管理和营养，对可救活的胎儿应进行抢救。为了防止猪胎儿死亡，可以采取引产措施。

## 二、牛羊妊娠毒血症诊治

牛羊妊娠毒血症是牛羊在妊娠末期由于碳水化合物和脂肪酸代谢障碍而发生的一种以低血糖、酮血症、酮尿症、虚弱和失明为主要特征的亚急性代谢病。牛急性妊娠毒血症多随分娩或分娩后 3d 发生。

（一）诊断要点

主要临床表现为精神沉郁，食欲减退，运动失调，呆滞凝视，卧地不起，甚而昏睡等。

血液检查低血糖和高血酮、血液总蛋白减少。血浆游离脂肪酸增多。尿丙酮呈强阳性反应，嗜酸性白细胞减少。疾病后期，有时可发展为高血糖。肝脏有颗粒变性及坏死。肾脏亦有类似病变。肾上腺肿大，皮质变脆，呈土黄色。

根据临床症状、营养状况、饲养管理方式、妊娠阶段、血尿检验以及尸体剖验，即可做出诊断。

（二）治疗方法

1. 牛妊娠毒血症

本病的治疗原则为抑制脂肪分解，减少脂肪酸在肝中的积存,加速脂肪的利用,防止并发酮病,其原则是解毒、保肝、补糖。同时加强管理,供应平衡日粮,定期补糖、补钙,建立酮体监测制度,及时配种。

(1)加强饲养管理。

①补充50%葡萄糖液,500~1 000ml,静脉注射。

②50%右旋糖酐,初次用量1 500ml,一次静脉注射,以后改为500ml,2~3次/d。

③尼克酰胺(烟酸),12~15g,一次内服,连服3~5d。其作用是抗解脂作用和抑制酮体的生成。

④氯化胆碱或硫酸钴,100g/g,内服。

⑤丙二醇,170~342g,2次口服,连服10d,喂前静脉注射50%左旋糖酐500ml,效果更好。

(2)防止酸中毒和继发感染。

①防止酸中毒,用5%碳酸氢钠500~1 000ml,一次静脉注射。

②为防止继发感染,可使用广谱抗生素金霉素或四环素治疗。

2. 羊妊娠毒血症

为了保护肝脏机能和供给机体所必需的糖原,可用10%葡萄糖150~200ml,加入维生素C 0.5g,静脉输入。同时还可肌注大剂量的维生素$B_1$。有资料报道在用糖和皮质类激素治疗时宜用小剂量多次注射,若一次性大剂量注射有时会招致早产或流产。出现酸中毒症状时,可静脉注射5%碳酸氢钠溶液30~50ml。此外,还可使用促进脂肪代谢的药物,如肌醇注射液,也可同时注射维生素C。

无论应用哪一种方法治疗,如果治疗效果不显著,则建议施行剖腹产或人工引产;娩出胎儿后,症状多随之减轻。但已卧地不起的病羊,即使引产,也预后不良。在患病早期,治疗的同时改善饲养管理，可以防止病情进一步发展，甚至使病情迅速缓解。增加碳水化合物饲料的数量，如块根饲料、优质青干草，并给以葡萄糖、蔗糖或甘油等含糖物质，对治疗此病有良好的辅助作用。

# 第二节　畜禽常见寄生虫病

## 一、猪寄生虫病

### （一）棘头虫病

猪棘头虫病是蛭型巨吻棘头虫寄生于猪的小肠内引起的疾病，也可寄生于野猪、犬和猫，偶见人。我国各地普遍流行。

【流行病学】该病呈地方流行，天津、辽东半岛、北京都有发生。流行区感染率高达 60%~80%。其主要原因有：虫体的繁殖力强；虫卵对外界各种不良因素抵抗力很强；中间宿主的种类多，并有生活在粪堆的习性；放养猪并且猪有拱土的习性。

每年春季即甲虫活动季节感染，到秋末发病。甲虫幼虫多在 12~15cm 深的泥土中，仔猪拱土能力差，故感染率低。以 8~10 个月龄猪和放牧的猪最易感染。

【诊断与防治】

（1）诊断：临床症状可见下痢，带血，并伴有剧烈腹痛。另可根据流行病学资料和在粪便中发现虫卵进行确诊。因其虫卵相对密度较大，粪便检查应采用直接涂片或水洗沉淀法。

（2）治疗：治疗可试用左咪唑和丙硫苯咪唑。

（3）预防：流行区对病猪驱虫；粪便进行生物热处理；圈养猪，不可诱捕金龟子供猪食用；猪场内不宜开夜灯，以免招引甲虫；人类避免食入生或半生的甲虫。

### （二）弓形虫病

弓形虫病是一种世界性分布的人畜共患原虫病，被列为二类疫病。人和200多种动物都可感染此病。目前我国几乎各省市均证实有本病的存在。各种家畜中以猪的感染率较高，死亡率高达60%以上。因此本病对人畜健康和畜牧业的危害较大。

【流行病学】弓形虫广泛分布于世界各地，人、畜感染弓形虫的现象非常普遍，但多数为隐性感染。猫是主要传染源，还有带有包囊的肉、内脏和含速殖子的血液以及各种分泌物或排泄物也是重要的传染源。另外，卵囊可被某些食粪甲虫机械性地传播。中间宿主范围非常广泛，人、畜、禽以及许多野生动物都易感染。实验动物中以小白鼠、地鼠最敏感。感染途径以经口感染为主，还可经皮肤和黏膜感染，亦可经胎盘感染胎儿，引起流产或胎儿畸形。

【诊断与防治】

（1）诊断：猪弓形虫的临床症状、剖检变化和很多疾病相似，为了确诊需采用病原学检查和血清学诊断。发病初期可用磺胺类药物，若与抗菌增效剂合用则疗效更好。

（2）预防：圈舍保持清洁，定期消毒，以杀灭土壤和各种物体上的卵囊；防止猫及其排泄物污染畜舍、饲料和饮水等；控制和消灭老鼠；屠宰后的废弃物不可直接用来喂猪，需煮熟后利用；饲养员也要避免与猫接触；家畜流产的胎儿及其一切排泄物，包括流产现场均需严格处置；对可疑病尸亦应严格处理，防止污染环境；避免人体感染；肉食品要充分煮熟；儿童和孕妇不宜与猫接触；猫是本虫的唯一终末宿主，必须加强家猫的饲养管理，不喂生肉，其粪便作无害化处理。

### 二、禽寄生虫病

球虫病是危害畜牧业的重要疫病之一，分布极为广泛，家畜中多种动物均发生球虫病，其中以鸡、兔、牛、猪和鸭的球虫病危害较大，尤其是幼龄动物，可引起大批死亡。各种家畜都有其专性寄生的球虫，不相互感染。在兽医学上重要的有5个属，即艾美尔属、等孢属、泰泽属、温扬属和隐孢属。北京鸭的球虫病主要由毁灭泰泽球虫和菲莱氏温扬球虫混合感染所致。兔球虫均属艾美尔属，有14种球虫，除斯氏艾美尔球虫寄生于胆管上皮细胞外，其余各种都寄生于肠上皮细胞内，多混合感染。牛球虫有10余种，其中以邱氏艾美尔球虫和牛艾美尔球虫致病力较强。仔猪球虫病主要是由猪等孢球虫引起。

【流行病学】鸡球虫病在温热潮湿条件下易暴发，季节性不明显，只要温湿度等条件适宜，冬季也发病；4~6周龄鸡常发，但是如果从来没有接触卵囊的成年鸡也得；世界性广泛流行，流行广泛的原因为卵囊抵抗力强，繁殖率高和传播途径简单。凡被带虫鸡的粪便污染的饲料、饮水、土壤及用具等都有卵囊存在。其他种动物、昆虫、野鸟和尘埃以及管理人员，都可成为球虫病的机械传播者。再加上鸡舍潮湿、拥挤、饲养管理不当或卫生条件恶劣时极易暴发此病。

【诊断】几乎所有的鸡场都可以发现卵囊，见到卵囊未必就是球虫病。要综合流行病学、临床症状、病理剖检和病原学检查。急性期查裂殖体和裂殖子，用肠黏膜刮取物抹片镜检。慢性期查卵囊，做粪便卵囊OPG。OPG：每1g粪便中所含卵囊的数量（常用于球虫）。EPG：每1g粪便中所含虫卵的数量（用于除球虫外的其他虫卵的计数，如线虫卵等）。

【防治】

（1）治疗：鸡场一旦暴发球虫病，应立即进行药物治疗。常用药物有氯丙啉、百球清、碘胺氯吡嗪（三字球虫粉）等。

（2）预防：药物预防应从雏鸡出壳后第1天即开始用药，直至其上市前10d左右停药。可选药物有氨丙啉、尼卡巴嗪、球痢灵、克球多、氯苯胍、马杜拉霉素、拉沙里菌素、盐霉素和莫能菌素等。各种抗球虫药在使用一段时间后都会产生抗药性，可以采用穿梭用药和轮换用药的方法延缓其抗药性。

疫苗免疫预防，最好使用弱毒株。免疫进行得越早越好，最好1日龄就免上（1~7日龄）。免疫时需经口逐只免疫，避免漏免发生。免疫后一般不用抗球虫药，特殊情况下，如发现鸡只血便较严重，可在饲料中添加用于生殖阶段后期的药物，如氨丙啉，喂2~3d即可。免疫后1周查OPG，如粪便中有卵囊则说明免疫成功。

### 三、牛羊寄生虫病

#### （一）莫尼茨绦虫病

莫尼茨绦虫病是由扩展莫尼茨绦虫和贝氏莫尼茨绦虫寄生于牛、羊、骆驼等反刍动物小肠而引起的疾病。该病是反刍兽最主要的寄生蠕虫病之一，分布广泛，多呈地方性流行。该病主要危害羔羊和犊牛，影响幼畜生长发育，重者可致死亡。另外，除了莫尼茨绦虫，寄生于反刍兽的还有曲子宫绦虫和无卵黄腺绦虫，三者常混合寄生。因为后两种绦虫致病作用较轻，所以这里重点介绍莫尼茨绦虫病。

【诊断与防治】

（1）诊断：在患羊粪球表面有黄白色的孕节，形似煮熟的米粒。将孕节作涂片检查，可见大量灰白色、形状各异的特征性虫卵。用饱和盐水浮集法检查粪便时，也可发现虫卵。再结合临床症状和流行病学资料分析便可确诊。注意与羊鼻蝇蛆病和脑包虫病区分，因这几种病都有"转圈"的神经症状，可用粪检虫卵和观察羊鼻腔来区别。

治疗药物有硫双二氯酚、氯硝柳胺（灭绦灵）、丙硫咪唑、吡喹酮和甲苯咪唑等。

（2）预防：流行区从羔羊开始放牧算起，到第 30～35d 时，进行成熟前驱虫，过 10～5d 再做 1 次驱虫；成年牛、羊可能是带虫者，也要驱虫；驱虫之后对粪便作无害化处理；驱虫后转移到清洁牧场放牧或与单蹄兽轮牧；消除或减少地螨污染程度，改造牧场，如深翻后改种三叶草，或农牧轮作；避免在低洼湿地放牧，避免在清晨、黄昏或雨天地螨活跃时放牧，以减少感染机会。

**（二）棘球蚴病**

棘球蚴病又称包虫病，是一类重要的人兽共患寄生虫病，被列为国家重点防治的二类疫病。棘球蚴病是棘球绦虫的中绦期幼虫寄生于牛、羊、猪、人及其他多种野生动物的肝、肺或其他器官而引起的疾病。成虫均寄生于犬科动物的小肠，种类较多。我国有两种：细粒棘球绦虫和多房棘球绦虫。由这两种绦虫的中绦期幼虫引起的棘球蚴病分别称为细粒棘球蚴病和多房棘球蚴病。前者多见于牛、羊、猪等家畜及人类；后者则以啮齿类动物为主，也包括人。这里以细粒棘球蚴病为例介绍。

【流行病学】细粒棘球蚴分布广泛，牧区最多。我国以新疆最为严重，绵羊感染率达 50%～80%。

犬、狼、狐等肉食兽是散布虫卵的主要来源。特别是牧羊犬与人和羊均密切接触，极易引起本病的流行。终末宿主体内的虫卵污染草原以及人类的饮食和生活环境，均可造成家畜和人感染棘球蚴病。当人屠杀牲畜时，往往随意丢弃感染棘球蚴的内脏或以其饲养犬，又导致犬、狼等动物感染绦虫病，这就造成了本病的恶性循环。

【诊断与防治】

（1）诊断：动物生前诊断困难，剖检时才可发现。结合流行病学、临床症状及免疫学方法可初步诊断。另外可配合 X 线、CT 检查，检出率较高。

治疗药物有丙硫咪唑、吡喹酮。人棘球蚴可用外科手术摘除。

（2）预防：对犬进行定期驱虫，常用药物有吡喹酮、甲苯咪唑、氢溴酸槟榔碱；驱虫后特别应注意犬粪便的无害化处理，防止病原的扩散；病畜的脏器不得随意喂犬，必须经过无害化处理；保持畜舍、饲草、饲料和饮水卫生，防止粪便污染；人与犬、狐等动物接触或加工其皮毛时，应注意个人卫生，防止误食虫卵。

# 第三节　畜禽常见传染病

## 一、猪传染病

### （一）仔猪大肠杆菌病

仔猪大肠杆菌病是由大肠杆菌引起的仔猪的一种消化道传染病，根据发病日龄及临床表现的差异可分为仔猪黄痢、仔猪白痢和仔猪水肿病等。

【流行病学】带菌母猪是主要传染源，主要通过消化道感染。仔猪黄痢发生于 1 周龄内仔猪，以 1～3 日龄多见，同窝发病率常在 90% 以上，病死率高。仔猪白痢多发生于 10～30 日龄仔猪，同窝发病率 30%～80%，病死率较低。仔猪水肿病主要发生于断奶后 1～2 周时，且多发生于生长快而肥壮的仔猪，发病率低，但病死率高。

【诊断要点】

（1）流行特点：仔猪黄、白痢具有特定发病日龄和窝发特点，水肿病为散发、病死率高。

（2）临床症状与剖检变化：

①仔猪黄痢：同窝仔猪突然有 1～2 头仔猪表现全身衰弱，

很快死亡；而后其他仔猪相继发病，拉黄色稀粪，内含凝乳小片，迅速消瘦，昏迷死亡。剖检尸体严重脱水，皮下常有水肿；胃膨胀，内有酸臭凝乳块；肠道膨胀，有多量黄色液状内容物和气体。

②仔猪白痢：病猪突然拉灰白色稀粪，病程2~7d，能自行康复，死亡少，但生长发育变慢。剖检尸体外表苍白，消瘦，脱水，肠黏膜有卡他性炎症变化。

③猪水肿病：病猪突然发病，感觉过敏；脸部、眼睑、结膜、齿龈等处常见明显水肿，也有的无水肿变化；体温多正常，常便秘；神经症状明显，肌肉震颤、盲目运动或转圈、共济失调、倒卧、四肢作划水状；多数在神经症状出现后几天内死亡，病死率约90%。剖检主要见胃壁和肠系膜水肿，水肿液呈胶胨状；无水肿变化者内脏出血明显，常见出血性胃肠炎。

【防治措施】加强产房的卫生及消毒工作，定期对母猪进行预防性投药。加强仔猪饲养管理，保证仔猪及时吃够初乳，保障产房温度，通风换气，及时补铁补硒，出生后即口服微生态制剂预防。也可进行疫苗免疫，预防仔猪黄痢，可对妊娠母猪于产前6周和2周进行两次疫苗免疫。

对仔猪黄、白痢的治疗原则是抗菌，补液，母仔兼治。仔猪发病时应立即进行全窝给药预防和治疗，常用药物有庆大霉素、痢特灵、氯霉素等。

## （二）猪丹毒

【概念】猪丹毒是由猪丹毒杆菌引起的猪和多种动物的一种急性、热性传染病，临床上可表现为急性败血症、亚急性出现皮肤疹块以及慢性关节炎和心内膜炎等不同病型。

【诊断要点】

（1）临床症状：临床上可分为急性败血型、亚急性疹块型和慢性型 3 型。

①急性型：发病突然，少数猪突然死亡。病猪高热稽留，虚弱，喜卧，厌食，结膜炎，初便秘后腹泻，有的呕吐。严重病例呼吸增快，黏膜发绀。部分病猪皮肤潮红，继而发紫。多在 3~4d 内死亡。哺乳仔猪发病时常表现神经症状，多在 1d 内死亡。

②亚急性型：特征是皮肤表面出现疹块。发病后 2~3d，在肩、胸、腹、背及四肢等处皮肤出现疹块，初期充血、指压褪色，后期淤血、指压不褪。一段时间后，逐渐康复。

③慢性型：慢性关节炎表现为受害关节肿大，疼痛，变形，跛行。慢性心内膜炎表现为消瘦，衰弱，心跳加快，心律不齐，呼吸急促，有的突然死亡。部分病猪发生皮肤坏死。

（2）剖检变化：急性型以急性败血症全身变化和皮肤红斑为特征，全身淋巴结肿胀、充血和出血、切面多汁，实质器官特别是脾充血和出血，整个消化道都出现卡他性或出血性炎症。

亚急性型以皮肤疹块为特征。慢性关节炎出现关节肿胀，关节囊内含纤维素性渗出物。慢性心内膜炎常在房室瓣膜上形成花椰菜样赘生物。

【防治措施】免疫接种是防治本病的最重要方法。疫苗种类有灭活苗和弱毒苗，活疫苗常与猪瘟、猪肺疫结合构成二联或三联苗。免疫程序是仔猪断奶后免疫一次，以后每隔 6 个月免疫一次。发生猪丹毒时，在病初可注射大剂量青霉素，如结合抗猪丹毒血清同时应用，则疗效更佳。

## 二、禽传染病

### （一）传染性法氏囊病

【概念】传染性法氏囊病是由病毒引起的雏鸡的一种急性

高度接触性传染病。临床特征是突然发病，传播迅速，发病率高，病程短，病鸡严重腹泻，极度虚弱，并出现死亡。

【流行病学】　自然感染仅于鸡，主要发生于 2~15 周龄的鸡，但以 3~6 周龄的鸡受害严重，成年鸡一般呈隐性经过。病鸡和带毒鸡是主要传染源，感染途径包括消化道、呼吸道、眼结膜等。

【诊断要点】

（1）流行特点：传染性强，传播快，发病率高，发病急，病程短，尖峰式死亡。

（2）临床症状：潜伏期 1~3d，病初常见个别鸡突然发病，1d 左右即波及全群。病鸡沉郁，厌食，腹泻，严重脱水，虚弱，后期体温下降，常在发病 1~2d 后死亡。整个鸡群死亡高峰在发病后 3~5d，以后 2~3d 逐渐平息，呈尖峰式死亡曲线，病死率在 30%~60%。

近年来出现了非典型传染性法氏囊病，其症状不典型，虽然死亡率低，但免疫抑制严重，危害更大。

（3）剖检变化：病死鸡脱水，某腿部和胸部肌肉出血；法氏囊初期肿胀、充血或出血，5d 后开始萎缩，黏膜表面有点状或弥漫状出血，严重时有干酪样渗出物；腺胃和肌胃交界处出血；肾脏因尿酸盐沉积而苍白肿胀。非典型传染性法氏囊病主要是法氏囊萎缩变化。

（4）血清学诊断：主要包括琼扩试验和 ELISA 方法。

【防治措施】　疫苗接种是预防本病的最重要措施，特别应做好种鸡的免疫，以保护雏鸡。种鸡群在 18~20 周龄和 40~42 周龄时用灭活苗经两次接种；雏鸡用弱毒苗接种，一般可在 7~10 日龄或 18~20 日龄进行。此外还必须结合综合卫生防疫措施，加强环境消毒特别是育雏室消毒，以防止早期感染。当发生本病时，可考虑用高免血清或鸡卵黄抗体治疗。

### （二）禽流行性感冒

【概念】禽流行性感冒，简称禽流感，是由病毒引起的禽的一种呼吸道传染病。禽流感分为高致病性禽流感和低致病性禽流感两大类，在临床上引起包括从无症状感染到呼吸道疾病和产蛋下降，到死亡率接近100%的严重全身性疾病。

【流行病学】多种禽类，不分品种、年龄和性别，均对禽流感病毒易感，其中以鸡和火鸡的发病较为严重。禽流感病毒的某些亚型如H5亚型还可以感染人。传染源主要是病禽，其次是康复禽和隐性带毒禽，如带毒水禽和鸟类。禽流感主要通过呼吸道和消化道传播，一年四季皆可发生，但以寒冷季节多见。本病常突然发生，传播迅速，呈流行性或大流行性，而且此病还具有一定的周期性。

【诊断要点】

（1）流行特点：寒冷季节多发，传播速度快，流行范围广，发病率高。

（2）临床症状：潜伏期3~5d，根据临床表现可分为两大类；即高、低致病性禽流感。

①低致病性禽流感：野禽感染大多数都不产生临床症状。鸡和火鸡发病后表现为呼吸、消化、泌尿和生殖器官的异常，以轻度乃至严重的呼吸道症状最为常见。病鸡除出现精神食欲差及下痢等一般性症状外，还出现咳嗽、打喷嚏、啰音、喘鸣和流泪，产蛋鸡产蛋下降等症状。

②高致病性禽流感：此型又称鸡瘟、真性鸡瘟、欧洲鸡瘟，多见于鸡和火鸡。感染鸡常突然发病，症状严重，有些鸡突然死亡。病鸡体温升高，拒食，拉黄绿色稀粪；精神极差，呆立，闭目昏睡；头颈部水肿，鸡冠与肉髯发绀、出血，腿部皮下水肿、出血；流泪，流鼻涕，呼吸困难，不断吞咽、甩头、流涎；产蛋鸡产蛋大幅度下降或停止。后期有些病鸡出现

头颈振颤、两腿瘫痪等神经症状。发病率和病死率很高，有的鸡群可达到 100%。

（3）剖检变化：低致病性禽流感主要表现为呼吸道及生殖道内有较多的黏液和干酪样物，窦、气管黏膜水肿、出血或出血，输卵管和子宫质地柔软易碎。

高致病性禽流感主要表现为在皮下、黏膜、浆膜、肌肉及各内脏器官中均有广泛性出血，与新疫城相似，但出血更广泛、更严重；胰腺肿大出血、坏死；卵巢和卵子充血、出血，输卵管发炎。

（4）血清学诊断：主要是 HA、HI 试验和 ELISA。

【防治措施】平时要加强饲养管理，搞好卫生消毒，杜绝野鸟进入禽舍，引进禽类时要严格检疫。

控制低致病性禽流感，可使用同源病毒灭活油苗进行免疫接种来预防，产蛋鸡于 10 日龄每只皮下注射 0.3ml，40 日龄、120 日龄时每只皮下注射 0.5ml；商品肉鸡可于 10 日龄每只皮下注射 0.3ml。对此病目前尚无特效治疗药物，发病时可使用抗生素类药物控制继发感染，也可使用中草药治疗，板蓝根、金银花、黄芪等对蛋鸡恢复产蛋率有一定效果。

控制高致病性禽流感，首先是严密防止引入，一旦发生则应阻止扩散，立即封锁疫区，对所有感染禽只和可疑禽只一律进行扑杀、销毁，封锁区内严格消毒等。

### （三）鸡传染性支气管炎

【概念】鸡传染性支气管炎简称鸡传支，是由病毒所引起的鸡的一种急性、高度接触性呼吸道传染病。该病特征是病鸡咳嗽，喷嚏，气管啰音，雏鸡流鼻液，产蛋鸡群产蛋量下降和质量不好，肾病变型肾脏肿大与尿酸盐沉积。

【流行病学】本病主要发生于鸡，各种年龄的鸡均可发生，但雏鸡最为严重。病鸡为主要传染来源，主要通过呼吸道传播，也可经消化道传染。本病传播迅速，新感染鸡群几乎全部同时发病。

【诊断要点】

（1）临床症状：本病的潜伏期为 36h 或更长，其病型复杂多样，主要有呼吸型和肾型。

①呼吸型：雏鸡感染除引起精神沉郁、怕冷、减食外，主要出现呼吸道症状，表现为甩头、咳嗽、喷嚏、流鼻涕、流泪、气管啰音等。6 周龄以上的鸡，症状与雏鸡相同，但鼻腔症状退居次要地位。产蛋鸡呼吸道症状较温和，主要表现在产蛋性能变化上，产蛋量明显下降，并产软壳蛋、畸形蛋或粗壳蛋，蛋的品质变差，如蛋黄与蛋白分离、蛋白稀薄如水。

②肾型：主要发生于雏鸡，初期可有短期呼吸道症状，但随即消失，主要表现为病雏羽毛蓬乱，减食，渴欲增加，拉白色稀粪，严重脱水等，发病率高，病死率在 10%~45%。

（2）剖检变化：呼吸型剖检病变为鼻腔、喉头和气管黏膜肿胀、充血、发炎，有渗出物；气囊混浊；有的雏鸡输卵管发育异常；产蛋母鸡卵泡充血、出血、变形，卵黄性腹膜炎，有时可见输卵管退化。肾型主要见肾肿大、苍白，肾小管和输尿管尿酸盐沉积，呈"花斑肾"。

（3）血清学诊断：主要有中和试验、HI 试验和 ELISA 等。

【防治措施】只有在加强一般性防疫措施的基础上做好疫苗接种工作，才能防止本病的发生与流行。对于呼吸型传支，一般免疫程序为：5~7 日龄用 H120 首免，25~30 日龄用 H52 二免，种鸡在 120~140 日龄用油苗三免。对肾型传支，在 1 日龄和 15 日龄时各免疫一次。

## 三、牛羊传染病

### （一）牛流行热

【概念】牛流行热是由病毒引起的牛的一种急性热性传染病。本病主要临床症状为突发高热，流泪，流涎，鼻漏，呼吸迫促，后躯强拘或跛行，多取良性经过，2~3d 即可恢复，故又名三日热或暂时热。本病对奶牛产乳量影响最大，且部分病牛常因瘫痪而被淘汰，因此危害很大。

【流行病学】本病主要侵害牛，以奶牛、黄牛最易感；青壮年牛（1~8 岁）多发，犊牛及 9 岁以上牛少发。膘情较好的牛发病时病情较重，母牛尤以怀孕母牛的发病率高于公牛，产奶量高的奶牛发病率也高。病牛是主要传染源，主要通过吸血昆虫（蚊、蝇、蠓）叮咬而传播。本病发生具有明显季节性（蚊蝇多的季节）和周期性，3~5 年流行一次。

【诊断要点】

（1）流行特点：高温季节多发，大群发生，传播迅速，病程短促，发病率高而病死率低。

（2）临床症状：突然高热（40℃以上），持续 2~3d 后降至正常。病牛精神萎靡，厌食或绝食，呼吸急促，反刍停止，眼结膜炎、流泪、畏光、流鼻涕、流涎、便秘或腹泻。有的病牛四肢关节浮肿、疼痛、呆立、跛行。泌乳牛产乳量急剧下降或停乳，妊娠母牛可发生流产、死胎。多数病牛取良性经过，死亡率一般在 1%以下，但部分病例常因长期瘫痪而遭淘汰。

（3）剖检变化：单纯性急性病例无特征性病变。急性死亡的自然病例，可见明显的肺间质气肿，肺高度膨隆，间质增宽，内有气泡，压之呈捻发音。有些病例呈现肺充血或肺水肿。

【防治措施】加强饲养管理，消灭蚊蝇，在流行季节到来之前及时用疫苗进行免疫接种，可有效预防本病。发病时在初期可根据情况酌用退热药及强心药，停食时间长的可适当补充生理盐水和葡萄糖溶液，并使用抗生素或磺胺类药物来防止继发感染。

**（二）牛传染性鼻气管炎**

【概念】牛传染性鼻气管炎是由一种疱疹病毒引起的急性热性传染病，又称"坏死性鼻炎"、"红鼻病"。本病在临床上以呼吸道黏膜炎症、呼吸困难为特征。此外还可引起结膜炎、脑膜脑炎等多种病型。

【流行病学】本病主要感染牛，以肉用牛多见，特别是20~60d的犊牛最易感，其次是奶牛。病牛和带毒牛是其主要传染源，主要通过呼吸道、交配、胎盘传播。本病多发生于寒冷季节。

【诊断要点】

（1）临床症状：潜伏期一般为4~6d。本病有多种病型，其中以呼吸道型最常见。呼吸道型主要表现为病初高热，病牛精神萎靡，厌食，呼吸急促，咳嗽；流涎、鼻漏、鼻黏膜充血、浅溃疡，鼻镜充血、潮红而称为"红鼻病"；有时还出现结膜炎。此外还有生殖道型、脑炎型、眼炎型、流产型。

（2）剖检变化：呼吸道型时，呼吸道黏膜高度发炎，有浅溃疡，其上覆有黏液脓性渗出物，并可波及咽喉、气管，甚至出现化脓性肺炎。生殖道型可见局部黏膜形成小的脓疱。

（3）血清学诊断：主要有中和试验与ELISA方法。

【防治措施】加强饲养管理和检疫，在疫区和受威胁区可使用疫苗免疫接种来预防本病。发病时应立即隔离病牛，用抗生素防止细菌继发感染，并配合对症治疗来减少死亡。

**（三）牛传染性胸膜肺炎**

【概念】牛传染性胸膜肺炎又称牛肺疫，是一种对牛危害严重的接触性呼吸道传染病。受害器官主要是肺、胸膜和胸部淋巴结，以浆液渗出性纤维素性胸膜肺炎为特征。

【流行病学】在自然条件下主要侵害牛，以 3~7 岁多发。病牛和带菌牛为本病的主要传染来源，主要通过呼吸道感染，也可经消化道或生殖道感染。本病常年都有发生，但以冬春两季多发。

【诊断要点】

（1）临床症状：潜伏期一般为 2~4 周，可分为急性、慢性。

①急性型：病初高热稽留，有鼻漏，呼吸极度困难，呈腹式呼吸，喜站立。后期心机能衰弱，前胸下部及颈垂水肿，食欲丧失，泌乳停止，便秘或腹泻。病死率高达 50%。

②慢性型：病牛消瘦，不时发生痛性短咳，消化机能紊乱，食欲反复无常。

（2）剖检变化：特征性病变在肺脏和胸腔。肺损害常限于一侧，不同阶段病变不一。初期以小叶性肺炎为特征。中期呈纤维素性胸膜肺炎，肺肿大变硬，呈紫红色、灰白色等，切面呈大理石状，病肺与胸膜粘连。末期肺部病灶形成有包囊的坏死灶或病灶全部瘢痕化。

（3）血清学诊断：主要有补体结合试验、ELISA 和被动血凝试验等。

【防治措施】我国已宣布消灭了此病，但应警惕再次传入。一旦发现该病，应及时果断采取扑灭措施，防止疫情扩散。疫区和受威胁区牛群可进行牛肺疫兔化弱毒菌苗预防注射。

### （四）羊俊菌性疾病

【概念】关梭菌性疾病是由多种梭状芽孢杆菌引起的羊的一组急性传染病，包括羊快疫、羊猝击、羊肠毒血症、羊黑疫、羔羊痢疾等，其特点是发病快，病程短，死亡率高，对养羊业危害很大。

1. 羊快疫

羊快疫是由腐败梭菌引起的，以真胃出血性炎症为特征。

【流行病学】本病主要发生于绵羊，尤其是 6~18 月龄绵羊；山羊也可感染，但发病较少。本病主要通过消化道感染，在气候骤变、寒冷多雨季节多发，呈地方流行性。

【诊断要点】

（1）临床症状：突然发病，病羊往往来不及出现症状就突然死亡。有的病羊离群独处，卧地、不愿走动，虚弱，运动失调；有的表现腹痛、腹胀，排粪困难、拉黑色稀粪；体温表现不一，有的正常，有的高热。病羊最后极度衰竭、昏迷，数分钟至数小时内死亡。

（2）剖检变化：尸体迅速腐败膨胀，可见黏膜出血呈暗紫色，特征病变是真胃、十二指肠黏膜有出血性、坏死性炎症。

【防治措施】加强饲养管理，防止受寒感冒，避免采食冰冻饲料。在常发地区每年可定期注射羊快疫—猝击—肠毒血症三联苗或羊快疫—猝击—肠毒血症—羔羊痢疾—黑疫五联苗。发病后隔离病羊，对病程较长的用青霉素等治疗；对未发病的羊转移放牧，同时用菌苗紧急接种。

2. 羊猝击

羊猝击是由 C 型魏氏梭菌引起的一种毒血症，以急性死亡、腹膜炎、溃疡性肠炎为特征。

【流行病学】本病发生于成年绵羊，以 1~2 岁绵羊多发，常流行于低洼、沼泽地区，主要通过消化道感染，多发生于冬春季节，常呈地方流行性。

【诊断要点】

（1）临床症状：病程短促，常未见到症状，病羊就突然死亡。有时发现病羊掉群、卧地，表现不安、虚弱和痉挛，在数小时内死亡。

（2）剖检变化：十二指肠和空肠黏膜严重出血、糜烂和溃疡，心包、胸腔、腹腔大量积液，浆膜上有小点出血。特征变化是死亡3h后骨骼肌气肿和出血。

【防治措施】可参照羊快疫的防治措施实行。

3. 羊肠毒血症

羊肠毒血症是由 D 型魏氏梭菌引起的一种毒血症，又称软肾病、类快疫。临床特征为腹泻、惊厥、麻痹和突然死亡，死后肾脏多软化如泥。

【流行病学】本病多发生于绵羊，2～12 月龄绵羊最易发病，发病的羊多为膘情较好的。其主要通过消化道感染，呈散发性，多发生于春夏之交抢青时和秋季草籽成熟时。

【诊断要点】

（1）临床症状：突然发作，常在出现症状后很快死亡，体温一般正常。临床上分为两种类型：一类以抽搐为特征，在倒毙前出现四肢强烈划动、肌肉颤搐、眼球转动、流涎、磨牙等症状，随后头颈显著抽搐，多在 4h 内死亡；另一类以昏迷和静静死亡为特征，病程较缓。

（2）剖检变化：肠黏膜充血、出血，心包、胸腔、腹腔有多量渗出液且易凝固，浆膜出血，肺脏出血、水肿，肝胆肿大。特征病变为肾脏软化如泥，易碎烂。

【防治措施】加强饲养管理，春夏之交避免抢青、抢茬，秋季避免吃过多草籽，精、粗、青料要搭配合理。在常发地区定期注射羊梭菌病三联苗或五联苗。发病后隔离病羊，对病程较长的进行治疗；对尚未发病的羊只转移到高燥地区饲养，同时用菌苗紧急接种。

4. 羊黑疫

羊黑疫又名传染性坏死性肝炎，是由 B 型诺维氏梭菌引起的一种毒血症，特征是肝实质坏死。

【流行病学】本病常发生于 1 岁以上绵羊，以 2~4 岁的肥胖绵羊多发，山羊和牛也可感染。主要通过消化道感染，多发生于春夏有肝片吸虫流行的低洼潮湿地区。

【诊断要点】

（1）临床症状：病程急促，多数病羊常未见症状就已死亡。少数病羊病程可延长至 1~2d，病羊高热、虚弱、掉群、不食，流涎，呼吸困难，呈俯卧昏睡状态死亡。

（2）剖检变化：皮下静脉显著充血，皮肤呈暗黑色外观（故名黑疫）；胸部皮下组织水肿，心包、胸腔、腹腔大量积液；真胃幽门部和小肠充血、出血。特征病变为肝脏充血肿胀，表面有若干个直径可达 2~3cm 的灰黄色不规则坏死灶，其周围常被一鲜红色充血带围绕。

【防治措施】首先要控制肝片吸虫的感染，用五联苗进行预防接种。发生本病时应将羊群移牧于高燥地区，同时对病羊用抗诺维氏梭菌血清治疗。

5. 羔羊痢疾

羔羊痢疾是由 B 型魏氏梭菌引起的初生羔羊的一种毒血症，以剧烈腹泻和小肠溃疡为特征。

【流行病学】本病主要发生于 7 日龄内羔羊，尤以 2~3 日龄羔羊发病最多，7 日龄以上羔羊很少发生。主要通过消化道感染，也可通过脐带和创伤感染。

【诊断要点】

（1）临床症状：潜伏期为 1~2d。病初患畜精神不好，低头拱背，不吃奶，不久腹泻、呈黄绿色或灰白色。后期拉血便并含有黏液和气泡，严重脱水，病羔逐渐虚弱，卧地不起，若不及时治疗则常在 1～2d 内死亡。有的病羔主要表现神经症状，即四肢瘫软、卧地不起、呼吸急促、口吐白沫，最后昏迷，头向后仰，体温下降至常温以下，常在数小时至十几小时内死亡。

（2）剖检变化：特征性病变在消化道，真胃内有未消化的凝乳块；小肠特别是回肠黏膜充血发红，常可见到直径为 1～2mm 的溃疡，其周围有一出血带环绕，肠内容物呈红色。

【防治措施】加强饲养管理，增强孕羊体质，产羔季节注意保暖，及时给羔羊哺以新鲜清洁的初乳。每年秋季注射羔羊痢疾菌苗或羊梭菌病五联苗，产前 2～3 周再接种一次。发病羔羊可用痢特灵、土霉素、磺胺类等药物治疗，同时也可采取止泻、补液等措施。

# 第十章　畜禽的规模化经营管理

## 第一节　畜禽养殖的产业化经营

### 一、畜禽场生产经营模式

近年来，随着畜牧业的发展，养禽业也获得了长足的发展。但随着市场经济的进一步推进，一些矛盾和问题逐渐暴露出来。表现在：一是分散的一家一户小规模生产经营难以适应千变万化的大市场；二是生产（饲养）领域（与加工、销售领域相比）的效益低，影响了饲养户生产积极性和收入的增加；三是分散经营的小规模饲养，不能有效吸纳科技力量和难以获得规模效益；四是产供销不能很好衔接，常常出现"买难""卖难"现象。畜禽业产业化是适应经济发展的要求创立的新的经营模式。一体化经营是把贸易、加工、生产三个部分合为一个部门，种植、饲养、加工各个环节合为一条龙经营，使生产专业化、经营规模化、管理科学化。

畜禽业产业化基本经营形式是：市场+中介组织（企业、技术协会或经纪人等）+农户。其中"贸工牧"一体化，"产供销""种养加"一条龙是产业化经营的具体形式。"公司+农户"是贸工牧一体化的通俗说法。从组成畜牧业产业化基本要素的关系看，市场是导向，中介组织是连接养禽场与市场的纽带和桥梁，农户（饲养户）是产业化的主体，规模化是基础。在产业化进程中，各地根据本地资源和市场优势，因地制宜，又形成了多种具体形式，可分为以下几种：

**（一）按产品种类划分**

1. 单一经营

只进行一个生产项目，或只生产一种产品。如孵化场只经营孵化，蛋鸡场只生产商品蛋。

2. 综合经营

如育种场不仅提供祖代种雏，也出售父母代甚至商品代种蛋与初生雏；有的大型蛋鸡场除生产商品蛋外，其自营的饲料厂也外售饲料等。

**（二）按产业化经营龙头带动作用的性质划分**

1. 龙头企业带动型

是指由"公司＋基地＋农场＋农户"组成，以某一农产品加工、冷藏、运销企业为"龙头"，围绕一个农业的分产业或产品，实行供应、生产、加工、销售一体化经营，形成龙头连基地、基地连农户的专业化、商品化、规范化生产经营格局。龙头企业外连国内外市场，内联农户生产经营，形成利益共享、风险共担的经济共同体（图10-1）。

2. 主导产业、产品带动型

从"名、优、特、新"产品开发入手，对资源优势突出，经济优势明显，生产优势稳定的项目，进行重点培养，形成新的支柱产业，围绕主导产业进行产销加一体化经营。

3. 市场牵动型

主要形式是"市场＋农户"，通过围绕当地优势产业，培育产品市场，提供市场信息以及生产资料，带动优势产业扩大生产规模。农户则主要以市场为窗口，及时调整产业结构，提供质量合格、数量足够的产品。从而形成产销加一条龙的生产经营体系。

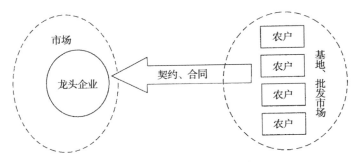

**图10-1　龙头企业带动型示意图**

4. 中介组织联动型

是以各种中介组织（包括各类农村专业合作组织、供销社、技术协会、销售协会以及农民合作社）为纽带，组织产前、产中、产后全方位服务，使众多分散的小规模生产经营者联合起来形成统一的较大规模的经营群体，实现规模效益。这种模式是对龙头企业带动型模式的改进，在发达和欠发达地区都较为普遍（图10-2）。

5. 乡村组织推动型

也称合作社一体化模式，是指由农民成立合作社，在合作社发展壮大后成立企业实体来销售、加工合作社内部成员（和外部成员）生产的农产品，从而实现农业生产的产、加、销和贸、工、农一体化经营（图10-3）。这种模式对合作社的投资能力要求很高。

6. 科技实体启动型

养殖专业合作社具有较强依靠科技进步促进发展的意识，

积极开展多种形式的产学研合作，通过科技成果转化应用，带动养殖产业发展的经营形式。

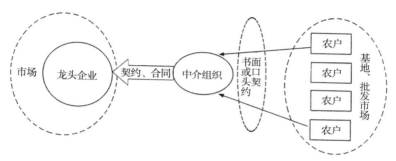

图 10-2　中介组织联动型示意图

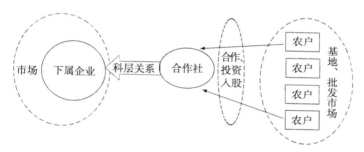

图 10-3　合作社一体化模式示意图

7. 新型专业合作社型

是指合作社以统一组织提供畜禽苗、统一饲养防疫、统一培训、统一提供饲料、统一产品销售一条龙服务，实施标准化养殖、规模化运作和产业化经营。

## 二、畜禽场经营管理的主要内容

### （一）畜禽场的技术管理

1. 优良品种的选择

我国养禽历史悠久，畜禽的品种资源比较丰富，并培养了许多新品种、新品系。另外还从国外引进了许多优良蛋鸡、肉鸡品种。选择适应性强、市场容量大、生长速度快、产蛋率高、饲料转化率高的优良品种，对提高生产水平，取得好的经济效益有十分重要的作用。

2. 饲料全价化

饲料成本在养殖生产中约占总成本的70%。因此，必须根据畜禽的不同生物学阶段的营养需要，合理配制日粮，提高饲料利用率，降低饲料费用，这是饲养管理的中心工作之一。

3. 设备标准化

现代化养禽业的特点是高效、高产、低耗，把良种、饲料、机械、环境、防疫、管理等因素有机地辩证统一起来。因此，必须利用先进的机械，提高集约化生产水平，取得较高的经济效益。实践证明：利用先进的机械可以大幅度提高劳动生产率，节约饲料成本，减少饲料浪费，提高畜禽的生产性能，并有利于防疫，减少疾病发生，提高成活率。对养禽舍内环境条件进行人工控制，如通风换气、喷雾降温、控制光照等，将有力地促进养禽水平的提高，取得更好的经济效益。

4. 管理科学化

养禽场特别是现代化的大型养禽场，是由许多人协作劳动和进行社会化的生产。对内都是一系列复杂的经济活动和生产技术活动，必须合理组织和管理。在建场时，就需对禽场类型、饲养规模、饲养方式、投资额、饲料供应、技术力量、供销、市场情况等进行深入调查，进行可行性分析，然后做出决策。投产后需抓好生产技术管理、财务管理、人员管理和加强经济核算，协调对外的一系列经济关系等，使管理科学化。

5. 防疫规范化

畜禽场一般采用集约化饲养，受疫病的威胁比较严重。因此，要在加强饲养管理的基础上严格消毒防疫制度，采用"全进全出"的饲养方式，制订科学合理的免疫程序，严防传染性疾病的发生。

6. 技术档案管理系统化

畜禽生产过程中每天所做的每项工作都应该有详细记录，而且，记录要按照类型进行分类整理和存档。这些技术档案能够为生产和经营提供科学的参考依据。

**（二）畜禽场的人员管理**

在畜禽场管理中应高度重视人的因素的重要性，重视人力投资的重要性，把企业经营管理特别是劳动管理的重心真正放在"人"的身上。表现在建立岗位责任制和劳动定额等方面。

1. 建立岗位责任制

在禽场的生产管理中，要使每一项生产工作都有人去做，并按期做好，使每个职工各得其所，能够充分发挥主观能动性和聪明才智，需要建立联产计酬的岗位责任制。

根据各地实践，对饲养员的承包实行岗位责任制大体有如下几种方法。

（1）全承包法。饲养员停发工资及一切其他收入。每只禽按入舍计算交蛋，超出部分全部归己。育成禽、淘汰禽、饲料、禽蛋都按场内价格记账结算，经营销售由场部组织进行。

（2）超产提成承包法。这种承包方法首先保证饲养员的基本生活费收入，因为养禽生产风险很大，如鸡受到严重传染病侵袭，饲养员也无能为力。承包指标为平均先进指标，要经过很大努力才能超额完成。奖罚的比例也是合适的，奖多罚少。这种承包方法各种禽场都可以采用。

（3）有限奖励承包法。有些养禽场为防止饲养员因承包超产收入过高，可以采用按百分比奖励方法。

（4）计件工资法养禽场有很多工种可以执行计件工资制。生产人员生产出产品，获取相应的报酬。销售人员取消工资，按销售额提成。只要指标制订恰当，就能激发工作的积极性。

（5）目标责任制。现代化养禽企业高度机械化和自动化，生产效率很高，工资水平也很高，在这种情况下采用目标责任制，按是否完成生产目标来决定薪酬。这种制度适用于私有现代化养禽企业。

建立了岗位责任制，还要通过各项记录资料的统计分析，不断进行检查，用计分方法科学计算出每一职工、每一部门、每一生产环节的工作成绩和完成任务的情况，并以此作为考核成绩及计算奖罚的依据。

2. 制订劳动定额

关于养禽场工作人员的劳动定额，应根据集约化养禽的机械化水平、管理因素、所有制形式、个人劳动报酬和各地区收入差异、劳动资源等综合因素进行考虑。

（1）影响劳动定额的因素。①集约化程度。大型养禽场集约化程度高，专业化程度高，有利于提高劳动效率。②机械化程度。机械化主要减轻了饲养员的劳动强度。因此，机械化程度有利于提高劳动定额。③管理因素。管理科学，效率高。

（2）劳动定额。以鸡场为例来说明，表 10-1 所列鸡场各项劳动定额，在制订本场的劳动定额时可供参考。

## 表 10-1　鸡场劳动定额表

| 工种 | 内容 | 定额<br>（只/人） | 工作条件 |
|---|---|---|---|
| 肉种鸡育雏育成 | 平养；一次清粪 | 1 800 ~ 3 000 | 饲料到舍，供水自动，人工取暖，或集中取暖 |
| 肉种鸡育雏育成 | 笼养；经常清粪，人工取暖 | 1 800 ~ 3 000 | 饲料到舍，供水自动，人工取暖，或集中取暖 |
| 肉种鸡 | 笼养；全部手工操作，人工输精 | 3 000 | 手工供料，自动供水 |
| 蛋鸡 1~49 日龄 | 四层笼养 | 3 000 | 自动饮水，人工饲喂，清粪 |
| 育成鸡 50 ~ 140 日龄 | 三层育成笼；饲喂、清粪 | 6 000 | 自动饮水，人工饲喂，清粪 |
| 一段育成 1 ~ 140 日龄 | 笼养；平面网上 | 6 000 | 自动饮水，机械喂料，刮粪 |
| 蛋鸡 | 笼养；机械喂饲、手工拣蛋 | 5 000 ~ 10 000 | 粪场位于 200m 以内，自动供水，机械饲喂，刮粪 |
| 蛋种鸡 | 笼养（祖代减半）；饲喂、人工授精 | 2 000 ~ 2 500 | 乳头自动饮水 |
| 孵化 | 孵化操作与雌雄鉴别，注射疫苗，清粪 | 3 万 ~ 4 万 | 粪由笼下人工刮出来运走，粪场 200m 以内 |

### （三）畜禽场日常管理

1. 经常性检测各项生产环境指标

禽舍内的温度、湿度、通风和光照应满足畜禽不同饲养阶段的需求，饲养密度要适宜，保证畜禽有充足的空间，以降低禽群发生疾病的机会。只有禽舍内温度适宜、通风良好、光照适当、密度适中才能使畜禽健康地生长发育。饲养人员要定时检查这些方面的舍内环境条件，发现问题，及时做出调整，避免环境应激。还需要定期检测舍内空气中的微生物的种类和数量，对舍内环境质量进行定期监测。

2. 推广"全进全出"的饲养制度

舍内饲养同一批畜禽，便于统一饲喂、光照、防疫等措施的实施，提高群体生产水平，前一批出栏后，留 2~4 周的时间打扫消毒禽舍，可切断病源的循环感染，使疫病减少，死亡率降低，禽舍的利用率也高。另外，禽舍要有防鼠、防虫、防蝇等设施。

3. 卫生管理制度执行要严格

饲养员要穿工作服，并固定饲养员和各项工作程序。与生产无关的人员谢绝进入禽场生产区，饲养人员和技术人员入场前要经过洗澡间洗浴，之后消毒。入舍前要在场门口的消毒池内浸泡靴子，上料前要洗手。饲养人员不得随便串舍。严禁各舍间串用工具。

4. 保持环境安静

观察禽群健康状态，保持环境安静，减少应激的产生。

5. 减少饲料浪费

饲料要满足禽群的营养需要，减少饲料浪费。按照不同畜禽不同时期的饲养标准，在饲养时科学配制饲料，用尽可能少的饲粮全面满足其营养需要，既能使畜禽健康正常，也能充分发挥生产性能，以取得良好的经济效益。饲料费用占养殖总支出的 60%~70%，节约饲料能明显提高养禽场的经济效益。

6. 做好生产记录

做好生产记录包括每天畜禽的数量变动情况（存栏、销售、死亡、淘汰、转入等）、饲料消耗情况（每个禽舍每天的总耗料量、平均每只的耗料量、饲料类型、饲料更换等情况)、畜禽的生产性能(产蛋量、产蛋率、种蛋合格率、种蛋受精率、平均体重、增重耗料比、蛋料比等)、疫苗和药物使用情况、气候环境变化情况、值班工作人员的签名。

# 第二节 畜禽的生产成本及盈亏平衡分析

养禽场的生产目的是通过向社会提供禽类产品而获得利润。无论哪一个养禽场,首先要做到能够保本,即通过销售产品能保证抵偿成本。只有保住成本,才能为获得利润打好基础。所以要经常根据生产资料和生产水平了解产品的成本,算出全场盈亏和效益的高低。生产成本分析就是把养禽场为生产产品所发生的各项费用,按用途、产品进行汇总、分配,计算出产品的实际总成本和单位产品成本的过程。

## 一、畜禽生产成本的构成

畜禽生产成本一般分为固定成本和可变成本两大类。

### (一) 固定成本

固定成本由固定资产(养禽企业的房屋、禽舍、饲养设备、运输工具、动力机械、生活设施、研究设备等)折旧费、基建贷款利息等组成,在会计账面上称为固定资金。特点是使用期长,以完整的实物形态参加多次生产过程,并可以保持其固有物质形态。随着养禽生产不断进行,其价值逐渐转入到禽产品中,并以折旧费用方式支付。固定成本除上述设备折旧费用外,还包括利息、工资、管理费用等。固定成本费用必须按时支付,即使禽场不养禽,只要这个企业还存在,都得按时支付。

### (二) 可变成本

可变成本是养禽场在生产和流通过程中使用的资金,也称为流动资金，可变成本以货币表示。其特点是仅参加一次养禽生产过程即被全部消耗，价值全部转移到禽产品中。可变成本包括饲料、兽药、疫苗、燃料、能源、临时工工资等支出。它随生产规模、产品产量而变化。

在成本核算账目计入中，以下几项必须记入账中：工资、饲料费用、兽医防疫费、能源费、固定资产折旧费、种禽摊销费、低值易耗品费、管理费、销售费、利息。

通过成本分析可以看出，提高养禽企业的经营业绩的效果，除了市场价格这一不由企业决定的因素外，成本则应完全由企业控制。从规模化集约化养禽的生产实践看，首先应降低固定资产折旧费，尽量提高饲料费用在总成本中所占比重，提高每只禽的产蛋量、活重和降低死亡率。其次是降低料蛋价格比、料肉价格比控制总成本。

## 二、生产成本支出项目的内容

根据畜禽生产特点，禽产品成本支出项目的内容，按生产费用的经济性质，分直接生产费用和间接生产费用两大类。

### （一）直接生产费用

即直接为生产禽产品所支付的开支。具体项目如下。

1. 工资和福利费

指直接从事养禽生产人员的工资、津贴、奖金、福利等。

2. 疫病防治费

指用于禽病防治的疫苗、药品、消毒剂和检疫费、专家咨询费等。

3. 饲料费

指禽场各类禽群在生产过程中实际耗用的自产和外购的各种饲料原料、预混料、饲料添加剂和全价配合饲料等的费用，自产饲料一般按生产成本（含种植成本和加工成本）进行计算，外购的按买价加运费计算。

4. 种禽摊销费

指生产每千克蛋或每千克活重所分摊的种禽费用。

种禽摊销费（元/kg）＝（种禽原值－种禽残值）/禽只产蛋重

5. 固定资产修理费

是为保持禽舍和专用设备的完好所发生的一切维修费用，一般占年折旧费的 5%~10%。

6. 固定资产折旧费

指禽舍和专用机械设备的折旧费。房屋等建筑物一般按10~15 年折旧，禽场专用设备一般按 5~8 年折旧。

7. 燃料及动力费

指直接用于养禽生产的燃料、动力和水电费等，这些费用按实际支出的数额计算。

8. 低值易耗品费用

指低价值的工具、材料、劳保用品等易耗品的费用。

9. 其他直接费用

凡不能列人上述各项而实际已经消耗的直接费用。

**（二）间接生产费用**

即间接为禽产品生产或提供劳务而发生的各种费用。包括经营管理人员的工资、福利费；经营中的办公费、差旅费、运输费；季节性、修理期间的停工损失等。这些费用不能直接计入某种禽产品中，而需要采取一定的标准和方法，在养禽场内各产品之间进行分摊。

除了上两项费用外，禽产品成本还包括期间费。所谓期间费就是养禽场为组织生产经营活动发生的、不能直接归属于某种禽产品的费用。包括企业管理费、财务费和销售费用。企业管理费、销售费是指禽场为组织管理生产经营、销售活动所发生的各种费用。包括非直接生产人员的工资、办公、差旅费和各种税金、产品运输费、产品包装费、广告费等。财务费主要是贷款利息、银行及其他金融机构的手续费等。按照我国新的会计制度，期间费用不能进入成本，但是养禽场为了便于各禽群的成本核算，便于横向比较，都把各种费用列入来计算单位产品的成本。

以上项目的费用，构成禽场的生产成本。计算禽场成本就是按照成本项目进行的。产品成本项目可以反映企业产品成本的结构，通过分析考核找出降低成本的途径。

## 三、生产成本的计算方法

生产成本的计算是以一定的产品对象，归集、分配和计算各种物料的消耗及各种费用的过程。养禽场生产成本的计算对象一般为种蛋、种雏、肉仔禽和商品蛋等。

### （一）种蛋生产成本的计算

每枚种蛋成本 =（种蛋生产费用-副产品价值）/入舍种禽出售种蛋数

种蛋生产费为每只入舍种禽自入舍至淘汰期间的所有费用之和，包括种禽育成费、饲料、人工、房舍与设备折旧、水电费、医药费、管理费、低值易耗品等。副产品价值包括期内淘汰禽、期末淘汰禽、禽粪等的收入。

### （二）种雏生产成本的计算

种雏只成本 =（种蛋费+孵化生产费-副产品价值）/出售种雏数

孵化生产费包括种蛋采购费、孵化生产过程的全部费用和各种摊销费、雌雄鉴别费、疫苗注射费、雏禽发运费、销售费等。副产品价值主要是未受精蛋、毛蛋和公雏等的收入。

### （三）雏禽、育成禽生产成本的计算

雏禽、育成禽的生产成本按平均每只每日饲养雏禽、育成禽费用计算。

雏禽（育成禽）饲养只日成本＝（期内全部饲养费－副产品价值）/期内饲养只日数

期内饲养只日数＝期初只数×本期饲养日数＋期内转入只数×自转入至期末日数－死淘禽只数×死淘日至期末日数

期内全部饲养费用是上述所列生产成本核算内容中9项费用之和，副产品价值是指禽粪、淘汰禽等项收入。雏禽（育成禽）饲养只日成本直接反映饲养管理的水平。饲养管理水平越高，饲养只日成本就越低。

### （四）肉仔鸡生产成本的计算

每千克肉仔鸡成本＝（肉仔鸡生产费用－副产品价值）/出栏肉仔鸡总重（kg）

每只肉仔鸡成本＝（肉仔鸡生产费用－副产品价值）/出栏肉仔鸡只数

肉仔鸡生产费用包括入舍雏鸡鸡苗费与整个饲养期其他各项费用之和，副产品价值主要是鸡粪收入。

### （五）商品蛋生产成本的计算

每千克禽蛋成本＝（蛋禽生产费用－副产品价值）/入舍母禽总产蛋量（kg）

蛋禽生产费用指每只入舍母禽自入舍至淘汰期间的所有费用之和。

# 参考文献

蔡长霞.2006.畜禽环境卫生［M］.北京：中国农业出版社.

豆卫.2001.禽生产［M］.北京：中国农业出版社.

黄炎坤，韩占兵.2006.蛋鸡标准化生产技术［M］.北京：金盾出版社.

靳胜福.2008.畜牧业经济与管理［M］.（第2版）.北京：中国农业出版社.

李如治.2003.家畜环境卫生学［M］.北京：中国农业出版社.

李震钟.2000.畜牧场生产工艺与畜舍设计［M］.北京：中国农业出版社.

邱祥聘.1993.家禽学［M］.（第3版）.成都：四川科学技术出版社.

史延平，赵月平.2009.家禽生产技术［M］.北京：化学工业出版社.

杨慧芳.2006.养禽与禽病防治［M］.北京：中国农业出版社.

杨宁.1994.现代养鸡生产［M］.北京：中国农业大学出版社.

杨山.2002.现代养鸡［M］.北京：中国农业出版社.

张力，杨孝列.2007.动物营养与饲料［M］.北京：中国农业大学出版社.

赵聘，黄炎坤.2011.家禽生产技术［M］.北京：中国农业大学出版社.